●世界的にも突出した牙を持っていたケニア・ツァボ国立公園のサタオ（Tsavo trust 提供）

●顔面をえぐられた状態で見つかったサタオの死骸（Tsavo trust 提供）

●モザンビーク・キリンバス国立公園のキャンプサイトに並べられた、密猟されたゾウの下あごの骨

上●ケニアで野生ゾウの保護活動に取り組む滝田明日香
下●タンザニアで「象牙女王」と呼ばれた楊鳳蘭

上●ケニア・ナイロビ国立公園で焼却される大量の密猟象牙
下●自動小銃を構えて密猟者の捜索に乗り出すケニア・ツァボ国立公園のレンジャーたち

●ケニア・ツァボ国立公園の上空から眺めた野生ゾウの群れ

小学館文庫

牙

アフリカゾウの「密猟組織」を追って

三浦英之

小学館

牙

アフリカゾウの「密猟組織」を追って

はじめに

アフリカで今、何が起きているのか——。

一瞬でいい。

まぶたを閉じて想像してほしい。

見渡す限りの大草原。

そのただなかで象牙を目的に虐殺されゆく無数のアフリカゾウの群れ。

誘拐した子どもに爆弾を巻き付け、市場やバスターミナルで自爆テロを強いるイスラム過激派のテロリストたち。

「最後の巨大市場」の覇権を奪うべく、国家的野心を剝《む》き出しにして暴走を続ける中国政府。

象牙を印鑑の材料として使い、その「伝統文化」を今も維持し続ける我が祖国・日本。

一見バラバラに見えるそれらのファクトは、暗闇の中を手探りのようにしてたどっていくと、それぞれがまるで針で貫かれたビーズのように一本の糸でつながっていることがわかる。

直結《リンク》しているのだ。

中国とアフリカが。

アフリカと日本が。

歓声と悲鳴が。

繁栄と不条理が。

無数の富《とみ》と幾多もの死とが。

我々が子女の卒業祝いに象牙の印鑑を買い求めるとき、アフリカでは数万頭のゾウが粗末なカラシニコフ自動小銃で殺され、学生たちの首が鉈で切り落とされている。

アフリカでゾウを殺しているのは誰か――。

これはその強大な「影」を闇の中で追い求めた小さな記録だ。

牙／目次

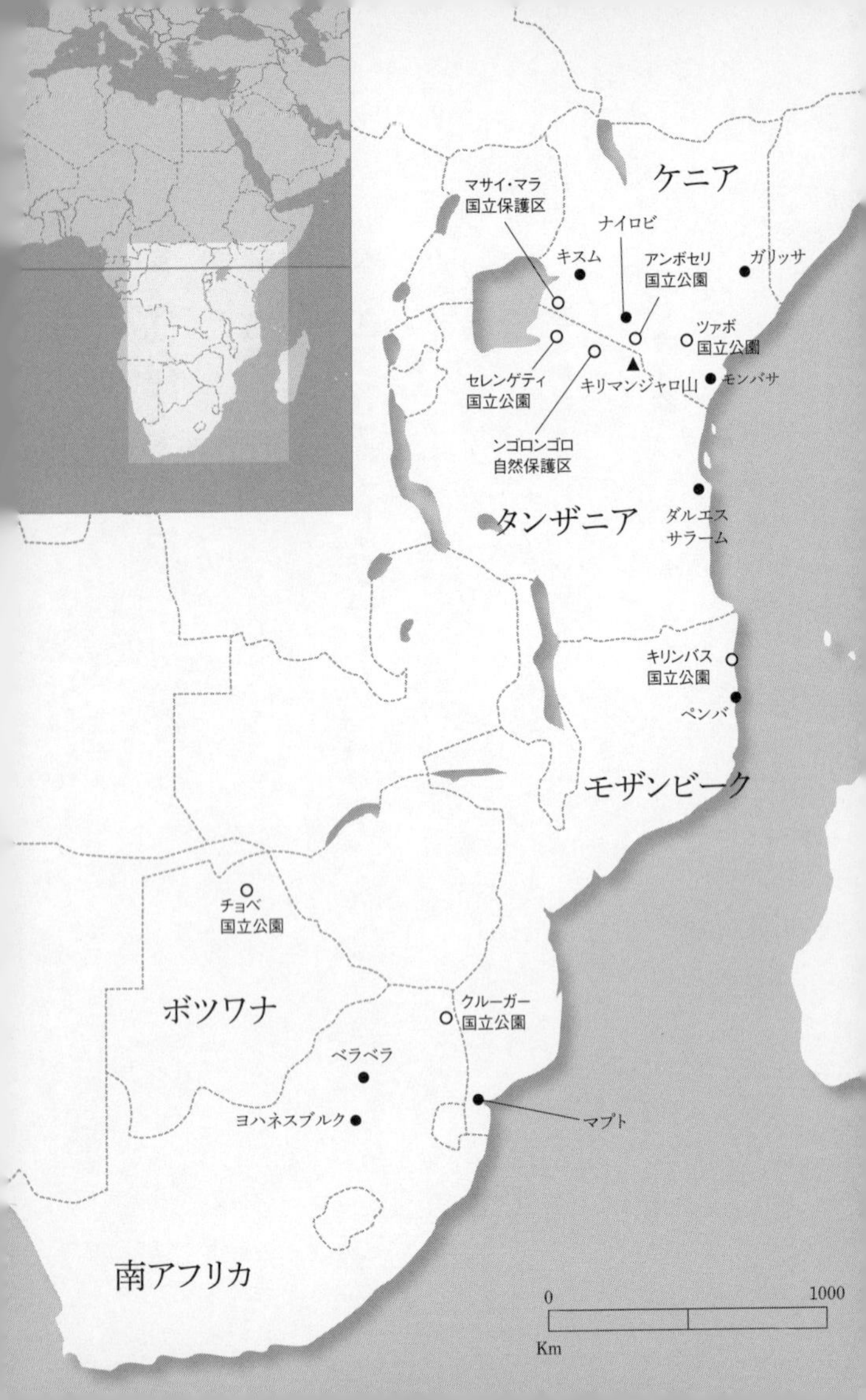

ケニア
マサイ・マラ
国立保護区
ナイロビ
キスム
アンボセリ
国立公園
ガリッサ
ツァボ
国立公園
セレンゲティ
国立公園
キリマンジャロ山
モンバサ
ンゴロンゴロ
自然保護区
タンザニア
ダルエス
サラーム
キリンバス
国立公園
ペンバ
モザンビーク
チョベ
国立公園
ボツワナ
クルーガー
国立公園
ベラベラ
ヨハネスブルク
マプト
南アフリカ
0
1000
Km

序章　大地の鼓動

その日の「患者《ペイシエント》」はまだ牙が生え始めたばかりの小さな子ゾウだった。

日本人獣医師の滝田明日香はナイロビ大学獣医学部の先輩獣医師に「バックアップをお願いできないか」と頼まれ、いつものようにケニア野生生物公社のパークレンジャーたちとサファリカーに乗ってケニア南西部にあるマサイ・マラ国立保護区内へと向かった。ナイロビ大学獣医学部を卒業後、獣医師として野生動物の保護に関わり続けて十数年。この手の応援は日常茶飯事だった。

野生動物への治療は人間や家畜へのそれとは大きく異なる。傷への手当てが占める割合は多くても全体の約一割程度。最も多くの時間と労力が必要とされるのは、施術のために麻酔銃を使って野生動物を眠らせる「ダーティング」と呼ばれる処置である。

野生ゾウの場合、特にそのダーティングに時間がかかった。

頭が良く、人間のように社会的な生活を営むゾウは、例えば仲間の一頭が何らかの理由で立てなくなった場合、群れに属する仲間のゾウたちが急遽倒れたゾウを取り囲み、周囲の外敵からその身を守ろうとする。

しかし、ケガの治療を試みようとする獣医師の側からしてみれば、せっかく麻酔銃を撃って「患者」を眠らせたのに、群れで周囲を囲われてしまっては、肝心な治療を施すことができない。そこで治療には獣医師やレンジャーらの間で「押す《プッシュ》」と呼ばれる、眠り込んだゾウから群れを遠ざける作業が必須となってくるのだ。

獣医師やレンジャーたちはケガを負ったゾウが仲間の群れから離れたタイミングを見計らい、まずは特殊な空気銃を使ってゾウの背中に麻酔薬を撃ち込む。そして、徐々に睡眠薬が回ってゾウが大地に倒れ込んだ瞬間、数台のサファリカーで一斉に近づき、連続してクラクションを鳴らしたり、車のドアをドンドンと叩いて威嚇したりしながら、チームプレーで倒れたゾウを取り囲もうとする仲間の群れを「治療現場」から遠ざけるのだ。

しかし、その「押し」が効きにくいゾウが二種類だけ存在していた。

一つは「メトリアーチ」と呼ばれる、群れを率いるリーダー格の雌ゾウである。

ゾウは成熟すると、雄は単独で行動し、雌は十数頭の群れを作って群れ全体で子ゾウを守りながら生活をする。群れを率いているメトリアーチはそのほとんどが最長老の雌ゾウであり、長年の知恵と経験から干ばつ時におけるえさ場や水場の位置を熟知しているだけでなく、他のゾウに比べても群れを守ろうという使命感が人一倍強く、どんなに治療者側が執拗に「押し」を続けても、倒れた仲間を守ろうと捨て身で人間に立ち向かってくる。

もう一つは――これは人間社会でもそうであるように――母ゾウである。

母ゾウは自らの子どもが病に倒れたり、ライオンなどの肉食獣に狙われたりした場合、自らの命を賭けてでも全力で子ゾウを守り抜こうとする。ゆえに子ゾウの治療を実施する際には都合上、子ゾウに寄り添っている母ゾウを最初に麻酔銃で眠らせておく必要があった。

その日のオペレーションは午前一〇時ごろから始まった。

滝田とパークレンジャーたちは三台のサファリカーに分乗してマサイ・マラ国立保護区内の現場に到着すると、すぐさま治療を施すために必要な「評価《アセスメント》」に乗り出した。密猟者による罠で脚をケガしたとみられる小さな子ゾウは推定二歳、体重約二〇〇キロ。一方、子ゾウのそばに寄り添っている三〇歳前後の母ゾウは立派な牙を口の両脇にしならせ、体重が推定五トンから六トンはありそうだった。

ケニア野生生物公社のスタッフがそれぞれの体重から麻酔の適正量を計算し、麻酔薬を注入した注射器をしっかりと空気銃にセットした後、二頭が群れから離れたタイミングを見計らってそれぞれの背中に発射した。麻酔は通常七～八分で効き始め、ゾウは眠気に負けてその巨体を前後左右にゆらゆらと揺らし始める。そのうちにバランスを失って、ドーンという轟音《ごうおん》と共に大地に倒れて眠り始めるのだ。

しかし、その日は予期せぬ「異変《イレギュラー》」が起きた。

詰め込んだ麻酔薬の量を間違えたのか、あるいは空気銃で放った注射器がうまくゾウの皮膚に刺さらなかったのか、子ゾウが倒れて眠り込んだ後も、母ゾウだけは両脚を大地に踏ん張りながら子ゾウの側に寄り添い続けたのだ。

母ゾウは巨体を左右に揺らしながらも、心配そうに足元で倒れ込んでいる子ゾウを長い鼻でなでたり、周囲を見渡して群れに助けを求めたりしながら、我が子に起きた異変の原因を必死に探り続けていた。すると次の瞬間、自らの大切な子どもが死んでしまったと勘違いしたのだろう、古木のような太い四本の脚で大地を踏みならしながら長い鼻を高々と天へと振り上げ、大きな鳴き声を上げ始めたのだ。

まずいな、と滝田が思った瞬間、その異変は起きた。

理性を失った母ゾウが、群れの近くに停車していた滝田らの乗る数台のサファリカー目がけ、全速力で突進し始めたのである。

闘争心をむき出しにし、母ゾウは怒りで我を失っている。

「ゴー、バック！　ゴー、バック！」（下がれ！　下がれ！）

同乗していたスタッフの叫び声と同時に、車両はエンジン音をかき鳴らして急発進したが、四輪駆動のサファリカーでもサバンナでは足場が悪く、思うようにスピードが出せない。一方、野生のゾウは草原を時速四〇キロで走る能力を持っている。それまで四〇メートル近くあった両者の距離はみるみるうちに縮まってしまった。

ゾウは地上において最大かつ最強の動物である。万一、戦車のような巨体で車に体当たりされたり、フォークリフトのような長い牙を使ってサファリカーが横転させられたりすれば、人間は車外に放り出されてゾウの牙に貫かれるか、四本の脚で踏みつけられてあっという間に圧死させられてしまう。

「ピガ！　ピガ！」（撃て！　撃て！）

滝田が叫ぶと、隣に乗っていたレンジャーがアフリカの大空に向かって威嚇用の空砲を撃った。しかし、子ゾウを殺されたと勘違いしている母ゾウはその威嚇射撃にもひるむことなく、大地を踏みならして突進してくる。

〈危ない――！〉

母ゾウとの距離が数メートルに縮まり、滝田が覚悟を決めて身構えた瞬間、突然母ゾウの動きが止まった。砂埃を巻き上げていた前脚の膝がバランスを崩してガクリと折れると、その場でしばらく動かなくなったのだ。

間一髪のタイミングで麻酔が効いてきたようだった。母ゾウは四肢を広げてなんとか大地に踏みとどまろうとしていたが、やがてバランスを失うと次の瞬間、大きな地響きをとどろかせて大地へと崩れ落ちた。

「今だ――」

レンジャーたちの掛け声と同時に三台のサファリカーから獣医師らが飛び出し、サバンナの上で眠り込んでいるゾウの親子のもとへと駆け寄っていく。ゾウは鼻でしか呼吸ができない。まずはその長いホースのような鼻が体の下に入り込んで押しつぶされていないかどうかを確認し、すぐさま鼻先に小枝を挟んで呼吸用の気道を確保する。麻酔が効くのはわずか数分間だけだ。その限られた時間の中でケガの原因を取り除き、すべての治療を終わらせなければならない。

滝田が振り向くと、濃緑のサファリカーの手前で力尽きたように眠り込んでいる母ゾウの巨体が見えた。幸い、子ゾウも母ゾウも今は深い眠りに落ちているようだった。

「あのまま体当たりされていたら、今頃どうなっていたことやら……」

子ゾウが治療を受けている間、滝田はケガを負っている子ゾウではなく、命がけでサファリカーに突っ込んできた母ゾウの方に思いを寄せていた。下手をすれば自分の命を奪われていたかもしれない状況なのに、気がつけばいつも野生動物への恐怖ではなく、命がけで大自然の中を生き抜く生命力への憧憬《どうけい》で満ちあふれている。今回も、滝田は同じく子を持つ親として、母ゾウの行動を力強く、心の底から愛おしく感じた。

と同時に、ある種の虚しさが胸の底から込み上げてくるのもまた事実だった。どんなにあがき続けてみても、現実は変わることがない。懸命の努力によって今日、何とか一頭の子ゾウの命を救えるかもしれないが、この大陸では今、安価なカラシニコフ銃や毒入りのカボチャ、ゾウの通り道に張り巡らされた粗末なワイヤーの罠によって、一日一〇〇頭前後の野生ゾウたちが密猟者たちの手によって殺されているのだ。

絶望にも似た虚しさ。

その不条理の源泉がどこから湧き出ているものなのか、もちろん滝田は熟知していた。

密猟者たちの目的はただ一つ。

「サバンナのダイヤモンド」と呼ばれる、そう──牙だ。

犯罪組織は一キログラム二〇〇〇ドル（約二〇万円）で闇取引される象牙を狙ってアフリカゾウの群れを皆殺しにし、急速な経済成長を遂げている中国へと密輸して膨大な利益を稼ぎ出している。その過程にはアフリカ諸国の政治家や役人や野生保護団体の職員までもが密接に関与し、利益の一部はテロリストの手に渡って無辜《むこ》の市民を虐殺するための活動資金として使われている。

そして、その負の循環の仕組みはかつて日本が作り上げたものなのだ。

滝田はそんな祖国の「罪咎性《ざいきゅう》」が許せなかった。だからこそ、長年生活の拠点をケニアに置いて野生のゾウを守る活動に従事しながらも、あえて日本国内に「アフリカゾウの涙」というNPO法人を立ち上げ、日本での象牙取引を中止するよう政府や市民に呼び掛けてきたのだ。

このままのペースで密猟が続けば、アフリカゾウはあと一世代、わずか十数年でこの地球上から消滅してしまう。

本当にそれでいいのか。

ゾウは人間のように怒りや悲しみを感じ、ヤキモチをやいたり家族の心配をしたりする。人間には聞こえない低周波音で仲間とコミュニケーションをとり、強制的に移動させられても自らのテリトリーに戻ることができる。子ゾウが生まれると群れのゾウが集まって匂いをかいだり、鼻でなでたりしながらそれぞれを認識し合い、だから、仲間が死んだときにはその死を悲しむような行動をとる。

滝田は野生動物の中でも特にゾウが好きだった。この優しい目をした野生動物に導かれるようにして、遥かアメリカからアフリカ大陸へと渡ってきたのだ。

この愛おしい「生命」をどこまで守り抜けるのだろう――。

滝田がそう心の中でつぶやいたとき、治療を終えた子ゾウがわずかに動き始めた。

第一章　白い密猟者

1

海を見るのは久しぶりだった。

アフリカ南部モザンビークの首都マプトから同国北部のペンバ空港へと向かうボーイング737型機は、アフリカ人女性がよく身に巻きつけているカンガと呼ばれる万能布に描かれた、あのグルグルとした渦巻き模様の積乱雲の合間を一定速度で飛び続けていた。眼下にはインド洋が広がり、沖合から打ち寄せる荒波は半円のサンゴ礁によって白く砕かれ、透明なガラス板のようになって湾曲した砂浜に届いている。普段は取材拠点のある南アフリカ・ヨハネスブルクの標高千数百メートルの高地で暮らしている私にとって、青と白とが織りなす抽象画のような柔らかな風景は忘れかけていた祖国の夏を――あるいはそれに付随する若き日の思い出を――かすかに胸に蘇らせてくれた。

到着したペンバ空港のタラップを降りると、送迎ロビーにはハワイやグアムを思わせるような南国リゾートの雰囲気が漂っていた。道ばたでは観光客用のココナツが売られ、ほとんどが南アフリカからの観光客なのだろう、ゴルフウェアやワンピースに身を包んだ白人の高齢者たちが南アフリカの公用語アフリカーンスで軽やかにおしゃべりを楽しんでいる。

私は若干場違いな雰囲気に戸惑いながらも、予約を入れていた高級リゾートホテルに電話を入れて、空港まで送迎の車で迎えに来てもらうよう依頼した。普段は紛争地や飢餓に苦しむ発展途上国をフィールドにしているアフリカ特派員にとって、この種のホテルに宿泊する機会は数えるほどしかない。今回は目的地の周辺がぐるりと国立公園に囲まれているため、一泊三〇〇ドルもする高級リゾートホテルに宿泊するしか選択肢がなかったのだ。

モザンビーク北部の「キリンバス国立公園」は、サンゴ礁の島々を内に抱いた豊潤な海域と荒々しい熱帯林が生い茂る陸域によって形成された面積約一四三〇平方キロの巨大な国立公園である。モザンビークが二〇年に及ぶ内戦から復帰した後もその存在はほとんど知られず、近年では「手つかずの自然が残る野生動物たちの楽園」として欧米や南アフリカからセレブたちが競って訪れるアフリカ南部の人気観光スポットになっていた。

空港から約三〇分。送迎のハイエースが到着したのは、新婚旅行のカップルであれば大喜びしそうな欧米式のビーチリゾートだった。南欧風の建物群の脇には椰子《やし》の木が植えられ、プライベートビーチの前に設置されている鳥の形をしたプールでは、赤やオレンジ色の水着を着た若い白人女性たちが互いに水を掛け合って遊んでいる。

私は吹き抜けのフロントでレモングラスのウェルカムドリンクを受け取ると、にこやかな笑顔を作った黒人の支配人に近づき、今回の出張の目的をそれとなく伝えた。

「キリンバス国立公園でゾウを見るツアーに参加したいのですが……」

相手に警戒心を抱かせぬよう取材の目的を意図的に抽象化して伝えたつもりだったが、すぐに支配人の表情が曇っていくのがわかった。

「ゾウ……ですか？」

「ええ、ゾウです」

「それは……」と支配人は少し躊躇《ちゅうちょ》しながら私に言った。「ちょっと難しいかもしれません」

「難しい？」

「ええ。ここにはもうゾウはいないのです」

「いない？」と私は予想外の答えに少し驚いて聞き返した。「だって、ここはゾウの楽園なんじゃないんですか？　ほら、あそこにも『ゾウの楽園・キリンバス』って書いてある」

私は騙されたような気分になって、フロントの奥の壁に堂々と掲示されている、水辺でゾウの親子が戯れているキリンバス国立公園の観光用ポスターを指さして言った。

すると、支配人は今度は申し訳なさそうに首を振った。

「あれは三年ほど前に作られたポスターです。確かに数年前まではいたのです。でも、なぜか今はもういなくなってしまって……」

「いなくなった？」と私はわけがわからなくなって聞いた。「なぜですか？」

「私どもにはよくわかりません」と支配人も困惑した表情になって続けた。「政府の説明によると、ゾウたちは皆、国境を越えてタンザニアに移動してしまったのだと……」

そんなバカな、と言いかけて、私は思わずその場に立ち尽くしてしまった。

私がアフリカゾウの密猟問題に深い関心を抱くようになったのは「サタオの死」

がきっかけだった。

ケニア南東部のツァボ国立公園に生息していた、世界的にも突出した巨大な牙を持つ人気ゾウ「サタオ」が二〇一四年五月、何者かによって殺されたのだ。サタオは推定五〇歳の雄ゾウで、両方の象牙を合わせると重量が合計一〇〇キロを超えるとも言われており、地面に届きそうなほど長大な牙をゆっさゆっさと揺らしながら歩く雄姿がケニアの国立公園のシンボル的な存在にもなっていた。

サタオの死は特に欧米諸国の人々に大きな衝撃を伴って受け止められた。その死を写した報道写真があまりにも凄惨だったからである。

海外通信社の報道によると、ケニア南東部のサバンナでサタオが変わり果てた姿で見つかったのは二〇一四年五月三〇日未明。密猟者たちは毒矢でサタオを死に追い込んだ後、チェーンソーのような工具を使ってサタオの顔面をえぐり取り、その巨大な牙を両方とも奪い去っていた。

世界中に配信された報道写真は顔を奪われたサタオの姿を左斜め前から写し取ったものだった。顔面の前半分を削り取られて四肢をがっくりと地面に落としたサタオの姿は、空に跪《ひざまず》き、何かに許しを請うているようにも見えた。あまりにも残酷で、あまりにも無慈悲な殺され方に、当時はまだアフリカ特派員に出る前の準備期間として東京で内勤業務に従事していた私はしばらくの間、冷静に物事を考えることができなくなった。

なぜ人間はここまで惨《むご》いことができるのか――。

ゾウを殺すのは生きるために肉を得るためではない。その付属物にすぎない象牙を奪い、それをアクセサリーや置物に変えて自己満足を得るためなのだ。そのためにゾウは群れごと機関銃で襲われ、まだ牙が生え始めたばかりの子ゾウでさえも印鑑用に殺戮されて、遥か東洋の国々へと密輸されていく。

二〇一〇年代に入ってアフリカ大陸で密猟が相次いだことにより、アフリカゾウにあと十数年で絶滅の可能性があるということは種々のニュースで見聞きしていた。インターネットで調べてみると、最大の原因はやはり異形の大国・中国らしかった。二〇〇〇年代後半、著しい経済発展を遂げた中国では近年、象牙が「成功の証」として買い求められ、需要が爆発的に増え続けている。その特需を受ける形でアフリカではゾウの密猟が激増し、一年間で約三万頭ものゾウ――それは実に生息する野生ゾウの一六分の一にあたる数だ――が密猟者によって死に追いやられていた。一九四〇年代には五〇〇万頭いたとされるアフリカゾウが、二〇一〇年代にはすでに約一〇分の一の約五〇万頭にまで激減しており、世界各地の環境保護団体はこのままのペースで密猟が続けば、野生のゾウはあと一世代で絶滅してしまうと訴えていた。

ゾウは本当に地球上から消滅してしまうのか──。

野山を駆け回って少年時代を過ごし、自然と人間の関わりに漠然と興味を抱きながら大学院で人間環境学を専攻した私は、もし自分が特派員としてアフリカに派遣されるのであれば、その巨大な野生動物と人間社会との関わりを──あるいはその偉大な野生動物の終焉の可能性を──この目でしっかりと見極めたいと思った。

そしてその直後、私は宿命的に上司からアフリカ特派員の内示を受けたのだ。

実際にアフリカ大陸に着任したのは二〇一四年八月だった。直後、エボラ出血熱が西アフリカで大流行した影響もあり、半年間はその取材に掛かりきりにならざるを得なかったが、二〇一五年五月、AFP通信から配信されてきたあるニュースをきっかけに、私はアフリカゾウの密猟問題の取材に本格的に身を乗り出していくことにした。

ニュースリリースには次のような内容が記されていた。

〔五月二七日ＡＦＰ〕　モザンビークに生息する野生ゾウが過去五年間で二万頭あまりから約一万三〇〇〇頭へと四八％減少したことが政府支援の調査で判明した。（中略）特に北部での被害が大きく、同地域で殺害されたゾウの頭数は全体の九五％を占めている。

〔六月三日ＡＦＰ〕　野生動物取引の監視団体「トラフィック」は二日、タンザニアに生息するゾウの個体数が過去五年で約六割もの「壊滅的減少」になったと発表した。トラフィックによると、タンザニア政府が一日に発表したゾウの生息数は二〇〇九年の一〇万九〇五一頭から二〇一四年には四万三三〇〇頭に減少している。

すると二週間後、今度はアフリカゾウの密猟多発地帯が特定されたとする科学系の記事が、やはりＡＦＰ通信から配信されてきた。

〔六月一九日ＡＦＰ〕　押収された象牙の遺伝子をゾウの糞から採取した遺伝子と照合することで、大規模密輸の出荷元を突き止めることに成功したと米ワシントン大学などの研究チームが発表した。研究によると、アフリカのタンザニア南部とモザンビーク北部が密輸象牙の二大産地となっており、ゾウの密猟は大半がこの二地域で行われている。

一連の記事は、モザンビークとタンザニアというアフリカ南東部の二つの国で、野生のアフリカゾウがわずか五年間で五割から六割も生息数を減らし、その原因が象牙を目的とした密猟である可能性を示唆していた。

サバンナで一体、何が起きているのか——。

私はまずは被害が集中しているというタンザニアとモザンビークの国境付近の状況を自らの目で確かめようと、取材拠点のある南アフリカのヨハネスブルクからモザンビークの首都マプトを経由して同国北部へと向かう飛行機に飛び乗ったのだ。

2

しかし、意気揚々とモザンビーク北部に乗り込んできたものの、どうやら取材は冒頭から暗礁に乗り上げてしまったようだった。私はリゾートホテルのフロントに張られたゾウの親子のポスターを前に、しばらくの間腕組みをしたまま動けなくなってしまった。

表情にこそ出さなかったが、正直、自分の軽率さを悔いていた。いくらアフリカゾウの激減が今回のテーマだとはいえ、肝心のゾウが全くいない状況では取材自体が成立しにくい。ゾウを保護するレンジャーへの同行取材や地域社会における密猟防止の取り組みに関する取材などはほぼ絶望的であるように思えたし、なによりその時の私はまだ記事に添えるために必要なゾウの写真を一枚も撮影できていなかった。「ゾウの消えた街」というタイトルで取材を続けることは不可能ではなかったが、ゾウがいなくなったことを嘆き悲しむ近隣住民の証言だけでは、やはりインパクトの強い原稿にはなり得なかった。

私は残されたわずかな可能性を探るため、宿泊先のリゾートホテルの支配人に地元のタクシーを呼んでもらい、キリンバス国立公園内でのサファリツアーを組んでいそうな町中の旅行代理店を数軒回ってもらった。しかし、どの店を回っても店員たちは一様に「ゾウはもういません」と申し訳なさそうに首を振るだけで、何一つ成果は得られなかった。

ところが、落胆してホテルに戻ると、黒人の支配人に「良いお知らせがあります」と突然フロントで呼び止められた。

「知り合いに聞いてみたところ、キリンバス国立公園内にゾウに詳しい人がいるそうです」

支配人はそう言うと、私にその人物の連絡先が記された一片のメモを手渡してくれたのだ。

クース・ランズバーグというのがその人物の名前だった。アフリカ生まれの白人で、キリンバス国立公園の中でキャンプサイトを運営している人物だという。

早速、電話で連絡を取ってみると、電話口に出た人物は、今週は忙しいのでキャンプサイトにまでは行けないが、明日であれば私が宿泊しているホテルに直接会いに来てくれるという。私は明朝一〇時にホテルで面会する約束を取り付け、感謝の言葉で電話を切った。

翌日、ランズバーグは指定の午前一〇時ちょうどにリゾートホテルのフロントに現れた。日に焼けた顔。幾重にも刻まれた深いしわ。白くて長い髭に顔中を覆われた、中世の哲学者のような風貌の老人だった。聞くと、祖父母の代にドイツから南アフリカに移ってきた移民の子孫であり、自身はケニアで生まれた後、二〇年以上、モザンビークでキャンプサイトの経営を担っているということだった。

「モザンビーク北部で野生ゾウが激減している状況や、その原因となっている象牙の密猟の現状を取材したくて参りました」と私は取材の趣旨を正直にランズバーグに伝えた。「もし可能でしたら、ランズバーグさんのキャンプサイトの周辺で、ゾウの密猟に関する取材をさせて頂けませんでしょうか」

「私としては構わない」とランズバーグは意外にもあっさりと私の取材を許可してくれた。「ただ、記事にする際にはしっかりと約束を守ってほしい」

「約束？」

「そう、約束だ」とランズバーグは言った。「ゾウがまだ生きていることは絶対に記事には書かないでほしい」

「えっ？」と私は驚いて思わず聞き返してしまった。「ゾウはまだ生きているんですか？」

「ああ、生きている」とランズバーグは当然の事のように言った。「公表はしていないが、実はまだ生きている。昔のようには残ってはいないが、ゾウは確かに生きている」

混乱を隠せない私に対し、ランズバーグはゾウの生存を一般的には明らかにしていない理由を次のように説明してくれた。

彼が経営するキャンプサイトはキリンバス国立公園のほぼ中央にあり、かつては「ゾウの楽園」と謳われるほど周囲にたくさんのゾウが生息していた。しかし、二〇一二年に南アフリカのテレビクルーがキリンバス国立公園を取材に訪れ、「モザンビーク北部にはゾウの楽園が広がっている」と放映したことをきっかけに密猟組織が隣国からなだれ込んでくるようになり、わずか三年間でゾウが根こそぎ密猟されてしまったというのである。

「たった三年で？」と私はあまりの期間の短さに驚いて聞いた。

「まるで悪夢だよ」とランズバーグは大きく左右に首を振りながら言った。「現場の状況から察するに、密猟者たちはゾウの群れを見つけると、まず小さな子ゾウを狙ってカラシニコフ銃を乱射している。子ゾウがケガを負って動けなくなると、母ゾウやメトリアーチもその場から動かなくなるからね。そしてゆっくりと時間をかけて母ゾウや他のゾウたちを殺してから牙を奪う。信じられるかい？　密猟者たちはゾウを群れごと根絶やしにしているんだ」

ランズバーグはそう言うと、持参してきた中型ノート型パソコンの電源を入れ、キャンプサイトの周辺で撮影したという犠牲になったゾウたちの写真を一枚一枚、時間をかけて私に見せてくれた。

どれもが目を覆いたくなるような残虐な写真ばかりだった。

かつて東京の内勤時代に見た「サタオの死」の報道写真と同様、顔面がえぐり取られ、顔から血を噴き出して死んでいる子ゾウの写真。草原に設置された粗悪な罠にかかり、右足首を切断されて歩けなくなっている雌ゾウの写真。ユーゴスラビアやルワンダの虐殺現場のように、自動小銃の乱射によって十数頭のゾウたちが血だらけになって草原に倒れ込んでいる写真……。

「我々にとっては想像を絶することだけれどね」とランズバーグは淡々と写真を示しながら現場の状況を説明してくれた。「密猟者たちはゾウに銃弾を撃ち込んで動けなくした後、ゾウがまだ生きているうちにチェーンソーで顔面を削り取っていくんだ」

「生きているうちに？」

「そうだ、生きているうちにだ」とランズバーグは続けた。「ゾウの皮膚は分厚くて岩盤のように堅いんだ。死後硬直が始まった後ではチェーンソーの刃が欠けてしまう。だから……。奴らはあまりにも惨いことをする。わずか三年で、キャンプサイトの周囲では一一四頭ものゾウが顔をえぐりとられて殺されてしまった」

翌日、私はランズバーグの知人が運転する四輪駆動車に乗って、キリンバス国立公園の中心部にあるランズバーグ所有のキャンプサイトへと向かった。赤茶けた典型的なアフリカの荒野を二時間ほど走り、いくつかの貧しい集落と緑の深い森を抜けたその先に、フェンスに覆われた欧米式のキャンプサイトが広がっていた。

到着した瞬間、私は自らの目を疑った。

キャンプサイトの中央部にある芝生広場の上に、密猟によって殺されたゾウの下あごの骨がずらりと円状に並べられていたのである。

数えると骨は全部で八〇個以上あった。直径六〇センチほどの子ゾウの骨があるかと思えば、直径一メートル五〇センチほどもありそうな大きな雄ゾウのものとみられる骨もあった。近くの木の幹には「八八」「九四」「九七」「一〇三」「一一四」とナイフで数字が刻まれており、骨の数が徐々に増加していったことが読み取れた。人間の頭蓋骨のような、乾いた白い塊が大地の上に幾重にも広がった水紋のような円を描き、その骨の円心に私はなぜか、広島の原爆ドームの前に佇《たたず》んでいるときのような気持ちになった。

「実際はこんなもんじゃないんだ」と私をキャンプサイトまで運んでくれた、ランズバーグの知人である二〇代の白人青年は言った。「顔が削り取られているからね。

一度見ると忘れられなくなるんだ。僕はあんな惨いことをする人間が本当に信じられないよ」

ゾウの牙は臼歯が変形したものであり、鹿やトナカイの角などとは違い、抜け落ちたり生え替わったりはしない。牙は歯茎や頭蓋骨とつながっているため、それを奪われることはゾウにとっては死に直結することなのだ、と青年は教えてくれた。

「一体誰がこんなことを……」と私はわずかに声を震わせながら青年に聞いた。

「地元の人だよ」と彼は言った。

「地元の人？」

「そうさ。ここでゾウを殺しているのは全員、この周辺で暮らしている地元住民なんだ。信じられないだろ？　彼らは密猟組織にカネを積まれるともう理性も何もかも失ってしまい、自分たちの大切な財産であるゾウを皆殺しにしてしまうんだ。ゾウや自然体系のことなんてこれっぽっちも考えていない」

私は啞然となりながらも、次の質問を青年へと向けた。

「たとえそうだとしても、社会的に密猟を取り締まることはできないのだろうか」

「無理だし、無駄だよ」と青年は首を振りながら言った。「ここではすべてがカネで買収されている。警察もレンジャーも国境警備隊も、みんなお金で買収されて密猟組織とつながっているんだ。狙われたら、ゾウたちはもうそこで終わりなんだよ。奴らは今、徹底的に組織化されている。リーダー格がヘリコプターで上空からゾウの群れを見つけると、地上にいる実行部隊がオフロードバイクで現場に向かい、自動小銃を乱射してゾウを群れごと虐殺するんだ。象牙は夜のうちに抜き取られ、その後、トラックに乗せられて北のタンザニアへと運ばれていく」

「やはり行き先は(タンザニアの最大都市である)ダルエスサラームなのですか」

「そう、ダルエスサラームだ」と青年は頷いた。「この森を抜ければ、タンザニアはすぐそこだ。モザンビークの政府も腐敗しているけど、タンザニアの政府も十分に腐りきっているからね。ダルエスサラームには中国人がたくさんいてね、そこが巨大な象牙の取引市場になっているらしい。象牙は黒く着色されて、コンテナなどに木材と一緒に詰め込まれた後、巨大な運搬船で遥か中国へと送られていく」

白人青年の話がどこまで事実に基づくものなのかは不明だったが、確かにそれらはアフリカではよく聞く噂ではあった。象牙の密猟に限らず、アフリカでは程度の差こそあれ、政府や官僚機構が徹底的に腐敗している。軍も警察も裁判官ですらも、一部の権力を握る人間がそれを持たない大多数の人間に当然のように賄賂を要求し、便宜を図って私腹を肥やす。その点に限って言えば、アフリカは中国にとって非常に仕事のやりやすい「ビジネスパートナー」なのかもしれなかった。賄賂を潤滑油のようにして物事を前に推し進めていくやり方は中国が古来得意とするお家芸だったし、ダルエスサラームはアフリカで最も多くの中国人が暮らす巨大な商業都市の一つとして知られていた。

私と白人青年はキャンプサイトに四〇分ほど滞在した後、同行していたレンジャーがここから少し離れた場所にまだ回収されていないゾウの死骸があるというので、レンジャーと一緒に徒歩でその場所に向かうことにした。

サバンナを歩き始めて三〇分ほどが過ぎたとき、周囲に漂っていた穏やかな空気の流れが突然乱れ、近くの岩山の向こう側からバタバタバタというヘリコプターの飛行音が響いた。私は反射的に近くの低木の陰に身を隠したが、白人青年とレンジャーは隠れることなく上空を見上げ、耳に手を当ててヘリコプターの音を聞いていた。

「危なくないのか？」。私は低木の陰に隠れながら聞いた。

「大丈夫だ。俺たちが撃たれることはない」と青年は言った。「場所はキャンプサイトの西側だ。ゾウの群れを探しているんだろう」

ヘリコプターの音はすぐに遠ざかり、私と青年とレンジャーは再びサバンナをゆっくりと歩き始めた。

ゾウの死骸はキャンプサイトから徒歩で一時間ほど行った場所に横たわっていた。すでに皮や肉がはぎとられており、それが本当にゾウの死骸なのか、素人には判別が難しいほど一部が草に埋もれて白骨化していた。レンジャーによると、この地域の住民はまだゾウの肉を食する習慣が残っており、いくつかの部位は切断されて、すでに持ち去られているという。腐敗臭があまりにひどいので、私は耐えられなくなってほとんど写真を撮ることもなくその場を離れた。

「事件《アクシデント》」に遭遇したのはその帰り道だった。

往路とほぼ同じ地点で再度、我々はヘリコプターの飛行音を聞いたのだ。

バタバタバタというその飛行音は再び岩山の向こう側で大気を揺らすと、今度は我々の頭上を低空で飛んだ。赤と白のラインの入った小型ヘリコプターは上空をわずかに旋回し、やがて夕日が沈む方角へと姿を消した。

「白人だ」と私は空を見上げながら、声を絞り出すようにして言った。

ヘリコプターが夕日の中に溶け込む瞬間、私は後部座席でニヤリと笑う白人男性の姿を見たのだ。

「あの白人も密猟者なのか」と私は喉がカラカラになりながら聞いた。

「わからない」と私の隣で青年は言った。「でも知っておいた方がいい。密猟組織の上層を仕切っているのは皆白人だ。奴らは南アフリカ、君の住んでいるヨハネスブルクからやってくるんだよ」

第二章　テロリスト・アタック

3

ケニア南西部のマサイ・マラ国立保護区へと向かう民間航空会社エアケニアの小型プロペラ機は、草原から立ち昇る気まぐれな上昇気流にあおられて、まるでリズム感のない指揮者が気まぐれに振り回すタクトのように不規則に揺れ続けた。通常の旅客機と違い、大地との距離が格段に近い。ともすれば機体が小高い丘に衝突してしまうのではないかと不安になるほどの低空飛行の連続に、私はアフリカで小型機に乗るときはいつもそうしているように、この大陸を愛してやまなかった一人の小説家について考え続けた。

米作家アーネスト・ヘミングウェイ。

アフリカをこよなく愛した文豪は晩年に二度、この大陸で飛行機事故に遭遇している。

一度目はサファァリツアーに参加中、チャーター機が電線にひっかかって墜落。文豪は辛うじて一命を取り留めたものの、その後救援に駆けつけた小型機までもが彼を搬送中に墜落・炎上してしまい、またしても絶体絶命の状態に追い込まれてしまう。

煙が充満し始めた機内ではドアが開かず、すでにケガを負っていたヘミングウェイは自らの頭を激しくドアに打ち付けて決死の脱出を試みる。結果、運良く扉は開け放たれ、彼は九死に一生を得たものの、鉄製のドアに頭を激しく打ち付け続けたことにより左側の頭蓋骨が露出するほどの重傷を負ってしまう。以来、その脳挫傷の後遺症がきっかけとなり、ひどい鬱を患うようになった彼は数度目の自殺でこの世を去ってしまうのだ。

アフリカを小型機で移動するとき、私の胸に去来するのは、整備が不十分な飛行機が大地に墜落するのではないかという物理的な恐怖ではなく、むしろ飛行機にトラブルが起きた際、私はヘミングウェイがそうしたように生への執着を最後まで貫けるだろうかという心理上の懸念だった。万一飛行機が墜落したとき、私は頭蓋骨が露出するほどドアに頭を打ち付けてでも、自らの「生」にしがみつくことができるだろうか……。

マサイ・マラ国立保護区内に設置されていた「飛行場」は、滑走路と呼ぶにはあまりにもお粗末な、ただ草原の草を刈り取って土をむき出しにしただけの極めて原始的な空間だった。小型プロペラ機が跳び石のように大地に何度もバウンドしながら着陸を果たすと、滑走路横に停められていたランドローバーから所属新聞社のナイロビ支局に勤める取材助手レオンが飛び出してきた。

嬉しそうに私に向かって何度も大きく手を振っている。

レオンの表情が通常のナイロビ支局での勤務時よりも何倍も輝いて見えるのは、このマサイ・マラが彼の生まれ故郷であるからに違いなかった。マサイ民族出身の彼は今でこそ首都ナイロビで暮らす「シティー・マサイ」だが、大学に進学するまではこのマサイ・マラの大地で牛と共に暮らし、ライオンと戦った経験もある勇敢な「戦士」でもあったのだ。

「〈蜂〉《ンニュキ》！」とレオンは満面の笑みで私の名を呼んだ。

私は名を「ヒデユキ」と書く。英語で「ヒデ」は「隠れる」（Hide）という意味に取り違えられるため、私は海外では便宜上、「ユキ」という呼び名を使用していた。ところが、東アフリカでその名を使うと取材先が笑う。私の呼び名の発音はスワヒリ語では「蜂」を意味するものらしく、以来、〈蜂〉が私のアフリカでのニックネームになっていた。

「マサイ・マラへようこそ」とレオンは青空の下、心から嬉しそうに私の手を握った。「来てくれて本当に嬉しいよ。〈蜂〉に見せたいものがたくさんあるんだ」

アフリカ南部モザンビークで垣間見たゾウの密猟をめぐる現実は、私にとってはいささか悩ましいものだった。生きた野生のゾウを一頭も見つけることができなかったという取材結果よりも、密猟組織の上層部が南アフリカの犯罪組織と直結しているといった事実の方が、私の胃袋をきつく締め上げた。数週間考え続けたあげく、私は結果的にそれまで想定していた取材の方向性を大きく変更せざるを得なくなってしまった。

最大の理由は、私の家族に関する事情だった。

私はその頃、妻と娘を取材拠点のある南アフリカ・ヨハネスブルクに呼び寄せていた。ヨハネスブルクはその外観だけを見れば、アメリカの西海岸やオーストラリアのシドニーと何ら変わらない緑豊かな美しい街だ。しかし、その表皮を一枚めくれば、アパルトヘイト（人種隔離政策）によって築かれた世界に類を見ないほどの貧富の格差と警察組織の極度の腐敗によって一日に数十人が銃で殺されると言われる「世界最悪の犯罪都市」でもあった。ゴーストタウン化した街の中心部にはギャングやマフィアが今も跋扈《ばっこ》し、銃が広く市民に蔓延《まんえん》していることから、相応のカネさえ払えば誰でも簡単に人を殺すことができる。

いささかなりとも決意を持って象牙の密猟問題に切り込もうとする限り、いつかは象牙の密輸を取り仕切る国際的な犯罪組織への取材に着手しなければいけないということは、取材前から覚悟はしていた。しかし、現実問題として現状を直視する限り、私がヨハネスブルクに住居と家族を置いている以上、この同じ南部アフリカで象牙の密猟取材を続けていくことは事実上不可能であるように思われた。犯罪組織からの報復を考えた場合、取材がどうしても及び腰になってしまうし、家族を危険に晒すようなことは万が一にもできない。治安警察が全く機能していないこの地では、犯罪者たちは神以上に万能なのだ。

私は数週間思案した結果、家族が暮らすこの南部アフリカではなく、やはり深刻なゾウの密猟に苦しんでいる東アフリカで別の突破口を見つけられないか、まずは現地でアフリカゾウの密猟問題に取り組んでいる専門家に相談をしてみることにした。

適任者が一人だけいた。

ケニアで獣医師として働いている滝田明日香である。

滝田はその頃すでに日本のテレビ番組でも特集が組まれるほどの著名人だったが、私が彼女に連絡を取ってみようと思い立ったのは、私が新聞記者になって間もない頃に読んだ彼女の著作『晴れ、ときどきサバンナ　私のアフリカ一人歩き』(幻冬舎文庫)があまりにも面白かったからだ。

『晴れ、ときどきサバンナ』はニューヨークで大学生をしていた滝田が動物学者になることを夢見てアフリカへと渡り、アフリカ各地を旅したり、自然保護区内のロッジで働いたりしながら、最終的にはナイロビ大学で獣医師になるための勉強を始めるまでの心の葛藤を描いた青春記だったが、滝田の本にはこれまで幾多ものジャーナリストや旅行者によって著されてきた「アフリカ本」にありがちな、アフリカの自然を極端に美化したり、犯罪やテロを大げさに誇張したりしている箇所が少なく、二〇代の女性(書籍の執筆時、彼女はまだ二五歳だった!)が見たありのままのアフリカの姿が瑞々《みずみず》しい感性によって描かれているような気がして、長い間、私が最も気に入っているアフリカ関連の書籍の一つであり続けていた。

知人を通じて取材依頼のメールを送ると、滝田からは数週間後に面会快諾の返事が送られてきた(返信までに数週間の時間が掛かったのは、彼女が日頃サバンナでテントを立てて暮らしているため、メールを返信できる環境になかったことが理由のようだった)。

「マサイ・マラでお会いしましょう」と彼女のメールには記されていた。

取材当日、滝田とはマサイ・マラ国立保護区内にある著名なサファリロッジで落ち合う予定になっていた。滝田からは事前に到着が夕方にずれ込みそうだとの連絡を受けていたため、私は彼女が到着するまでの間、レオンと一緒にサファリツアーに出掛けることにした。観光客と一緒にロッジが提供しているガイドによるツアーに参加することも考えたが、「俺の方が絶対に詳しいよ」とレオンが言い張るので、レオンがナイロビで借りてきた屋根の上部が大きく開くサファリ専用のランドローバーに乗ってサバンナに繰り出すことにした。

それは私が人生で初めて体験するサファリだった。

そしてすぐに、私はそれまで自分がサファリというものを完全に勘違いしていたことに気付かされた。

私はそれまで――あるいはほとんどの日本人が私と同じではないかと推察するが――サファリの魅力は大自然を駆け回る野生動物たちの自由な姿を間近に見られることにあるのだと信じ込んでいた。

しかし、実際のサファリはそんな空想とはまるで違った。

サファリカーの中から垣間見られる強大な自然が私たちに訴えかけてくるものは、自然界の残虐さやそこで生き残ることの難しさ、そしてそれらが紡ぎ出す唯一無二ともいえる無限の緊張感である。生きゆくものと死にゆくもの、そしてその死を引き受けて生きながらえるものとが激しく交差し、混じり合って、絶え間ない輪廻を繰り返している。その壮大なリアリティーの連続を、我々は安全なサファリカーの中から凝視することを許されるのである。

マサイ・マラはちょうどヌーの大移動の季節を迎えていた。我々が乗ったサファリカーもサファリロッジの敷地を抜けるとすぐに数十万頭ものヌーの大群に囲まれ、しばらくの間身動きがとれなくなってしまった。ケニアのマサイ・マラ国立保護区とタンザニアのセレンゲティ国立公園は一本のマラ川を挟んで隣接している。毎年一月から三月にかけてケニア側で出産を終えたヌーたちは、六月までの雨期をタンザニアのセレンゲティ側で過ごした後、やがて自然の摂理に導かれるようにして、七月から九月になると再び草を求めてケニア側へと越境してくる。その際、数十万頭のヌーが集団で一斉にマラ川を渡る。よくテレビや写真雑誌などで特集される有名な「ヌーの川渡り」だ。

「ヌーの川渡り」は相当運が良くないと見ることができないと言われていたが、私とレオンは特段予定があるわけではなかったので、マラ川のほとりの茂みにサファリカーを隠し（ヌーは警戒心が強いので、人間が川辺にいると川に近づかない）、その時がやってくるのを空振り覚悟で待つことにした。

四〇〇ミリの超望遠レンズを取り付けた一眼レフで覗いてみると、向こう岸にあたるタンザニア側の平原では数十万のヌーが川渡りのタイミングを見定めている。意外にもその中に相当数のシマウマが紛れ込んでいるのがレンズ越しに見えた。

「あれがヌーの習性なんだ」とマサイ民族の血を引くレオンがサファリカーの中で得意げに言った。「シマウマは野生動物の中でも格段に目が良く、危険を察知する能力が高い。ヌーはシマウマを味方に引き入れることで、少しでも危険を回避しようとしているんだ」

待つこと約一時間二〇分、最初に川辺に「偵察」に下りたのは、ヌーではなく、そのシマウマたちだった。川底には数千匹のワニがいて、水面に目だけを出して獲物の到来を待ち構えている。対岸の平原にはライオンやチーターがやはり息を潜めていて、その時がやって来るのを待っている。

シマウマは四〇分ほど川辺でウロウロしながら渡河のタイミングをはかりかねて

いた。

するとと突然、一頭のヌーが川辺へと下り、シマウマを追い越して恐る恐る川を渡り始めたのだ。数頭のヌーがやはり恐る恐る先頭に続いた。数頭のヌーたちは何とか無事に対岸に到着すると、今度はゆっくりと崖をよじ登り、顔だけを出してケニア側の平原に肉食獣がいないか確かめ始めた。ヌーたちは何度も後ずさりをしながら、慎重に時間をかけて偵察を続けた。

そして十数分後、ついに二頭のヌーが意を決したようにケニア側に広がる金色の平原へと飛び出した。

すると次の瞬間、すさまじい爆音が大地に響き渡り、対岸を埋めていた数十万頭のヌーたちが一斉に崖を駆け下りて川へと「突入」し始めたのだ。

火山の噴火や大地震が起きる前兆のような轟音と激震に続き、最新式のジェット戦闘機が低空を超音速で飛行していく時に発する衝撃波にも似た風圧が、一気にサファリカーの中を突き抜けた。

数十万のヌーの大群は隊列を組み、全速力で川や平原を蹂躙《じゅうりん》していく。これでは生身の人間が高速道路に飛び出していくのと同じで、ライオンもワニも手出しができない。身をよじらせて必死にヌーを捕らえようとしているワニも見えるが、そのそばからヌーの大群に弾《はじ》き飛ばされている。

「すごい、すごいぞ」

夢中で一眼レフを連写している私の横で、レオンはそれが自らが発見した法則であるかのように大声で言った。

「ヌーが走り始めたら、ワニもライオンも手出しができない。下手にヌーの群れに突っ込めば、自分たちが殺される。奴らが捕食できるのは、渡河時に足を骨折したり、親からはぐれたりした子どもぐらいだ。本当にすごいよ。大自然はちゃんとバランスを取っているんだ」

煙幕のような砂煙に包まれて川渡りはわずか数分で終了した。レオンの言う通り、川には負傷したヌーが数頭動けなくなって残されており、それらはやがて十数匹のワニに肉をえぐられるようにして川の中へと引きずり込まれていった。

ヌーの川渡りの撮影に成功した後も、我々は夕暮れのサバンナをランドローバーで巡回した。幼稚園生がクレヨンで描いたような楕円形の夕日に照らされて、草原はまるで黄金に波打つ大海のようだった。その金色に輝く波の上を草食動物たちは黒く沈み始めた森の方へと群れをなして移動していく。私とレオンは小高い丘の上にランドローバーを寄せ、エンジンを止めてその幻想的な風景の中にしばらくの間身を沈めることにした。

いくつかの真理を知った。

遠くから見ると天然の鉄塔のようにも見えるキリンの親子が、実はシマウマよりも速く平原を疾走できること。サバンナの夕暮れの空に静寂はなく、ギィィ、グァア、ギィィ、グァアと鳴く数万の鳥たちの鳴き声で埋め尽くされていること。川辺に潜むカバたちが日暮れ前に大きな鳴き声をあげて求婚すること。夕日に照らされた湿地や沼は日が沈む直前、太陽の朱色と空の黒とが混じり合い、床にこぼれた水銀のような、毒々しいメタリックな色に染まること。

その無数の原色の直中に、ゾウの群れはいた。

暗く沈み始めた湿地の中で、群れは草をはんでいた。長い鼻を上手に使って水草をむしり取り、それを水の中で二、三度左右に揺すって泥を洗い落とすような仕種をしてから、ゆっくりと口の中へと放り込んでいく。母ゾウの脚に子ゾウがじゃれつき、母ゾウは長い鼻で愛おしそうに子ゾウの額をなでている。

やがて七、八頭のゾウの群れが水場を離れ、私たちが佇む丘の方へと歩み寄ってきた。

レオンがランドローバーのエンジンキーに手を掛ける。そのうちの一頭と目が合った瞬間、私の体内に電気のようなものが走った。近づいてくる雌ゾウが予想していたよりもずっと大きく、何より攻撃的に見えたのだ。

それは私が知る「ゾウ」ではなかった。

私が初めて「ゾウ」を見たのは、東京・井の頭自然文化園で飼育されていた「はな子」だった。一九四九年にタイ政府から贈られる形で日本にやってきたそのインドゾウは、私が見た一九九〇年代でもすでに四〇歳を超えていた。本来は群れで生活する動物であるにもかかわらず、三方をコンクリートの壁に囲まれた狭い敷地にたった一頭で「監禁」されて、絶えず柵の向こうの人間たちに奥まった視線を向けていた。それは人間に「生」を完全に支配された、「動物」という名の悲しい「展示物」だった。

しかしその時、夕暮れのマサイ・マラ国立保護区で私たちのサファリカーの前に立ちはだかっていたものは、井の頭自然文化園で見た「静物」とは明らかに異なる、獰猛で極めて危険な「動物」だった。私は暮れゆく草原の直中で、その巨大な動物の群れに本能的な畏怖を感じた。

「大丈夫だ」とレオンが心境を察してか、小さな声で私に告げた。「ゾウは視力が弱いけれど、嗅覚が異常に発達している。エンジン音がしなくても、ガソリンの匂いでここに人間がいることはわかっていると思う」

七、八頭のゾウの群れはしばらくの間、ランドローバーの手前数十メートルの距離でこちらの動きをじっと観察していたが、やがて大きな耳を数回揺らすと、レオンが助言した通り、それまでの進路をわずかに変えて深い森の中へとその大きな体をにじませていった。

4

「マサイ・マラのサファリはいかがでしたか？」

サファリロッジに戻ると、フロントでチェックインを済ませていた獣医師の滝田明日香がいたずらっぽく私に聞いた。

「いやぁ、もう最高でした」と今回はあくまでも「仕事」で来ているはずの私が頭を掻きながら答えると、滝田は半分冷やかしたような、それでいて半分は嬉しそうな微笑みを私に向けた。

滝田は翌日には仕事の関係で自ら車を運転してナイロビに戻らなければいけないというので、その日は同じロッジに別々に部屋を取り、夕食を囲みながら取材の相談に乗ってもらうことにした。

ロッジには大きな庭があり、野生のシマウマやサルが草や木の実をはんでいた。その中で一人、アカシアの木の幹に向かって吹き矢を吹いて遊んでいる五、六歳くらいの男の子が見えた。聞くと、滝田の息子だという。「母親譲りの野生児っぷりで困っているんです」と滝田は言って苦笑いした。

夕食は焚き火のたかれたオープンエアのレストランで、アフリカ形式のバイキングを食べた。ケニア紅茶はもちろん、ゲーム・ミートとしてダチョウやシマウマの肉も並べられている。

「このままだと本当にゾウは絶滅してしまうと思います」と冒頭、滝田は大きな肉をナイフで切り分けながら私に言った。「密猟が凄すぎて、このままでは数が維持できないんです」

「数が維持できない？」と私は滝田に若干の説明を求めた。

「繁殖が難しいんです」と滝田は具体例を挙げて現状を解説してくれた。「アフリカゾウのオスは三五歳から四〇歳以上にならないと繁殖に適さない。メスにとっては体が大きいオスほど魅力的だから、二〇歳ぐらいだとメスに相手にしてもらえないんです。でも、密猟者たちは真っ先に大きな牙を持ったゾウを狙うから——つまり年齢を重ねた大きなオスから次々と命を奪われていく。結果、例えばケニア北部のサンブル地方ではゾウの群れの構成が変わってしまい、今では群れの約七〇%がメスになってしまっている。さらに約一四%の群れには繁殖が可能な二五歳以上のオスがいない。種を保つことが難しくなってしまっている」

なるほど、と私は滝田の説明に相槌《あいづち》を打った。

「次に狙われるのは、大きな牙を持っているメトリアーチ。群れを率いているリーダー格の雌ゾウね」と滝田は続けた。「メトリアーチが殺されてしまうと、その群れは生存率がぐっと下がってしまうんです。メトリアーチは長年の経験から乾期でも水の涸れない水場や肉食獣や人間に接触しないで通えるえさ場を熟知しているから、メトリアーチが殺されて一〇代のメスが群れを率いるようになると、それらの知識をうまく踏襲できなくて、仲間のゾウを守れなくなってしまう——」

さすがだな、と私は感心しながら滝田の話を聞いていた。彼女の説明はその多くが自らの体験によって得られた具体的な情報に依拠しており、机上のデータだけを見て理想論を語るどこかの「専門家」には持ち得ない、迫力と説得力に満ちている。

事実、滝田はこれまでずっと「現場」に身を置きながら仕事を続けてきていた。二〇〇五年にナイロビ大学獣医学部を卒業して獣医師の資格を取得した後、私が面会した時にはマサイ・マラ国立保護区を管理する自然管理組合に所属しながら、密猟対策チームの一員として野生動物を保護する仕事に従事していた。嗅覚の優れた犬を使ってゾウの密猟者を追跡したり、犬に自動小銃やライフルの匂いを覚えさせて武器を持って国立公園内に入ってこようとする密猟者を水際で阻止したりするのがその主な活動内容だった。同時に、幼少期から南アフリカで生活を送っていた山脇愛理と共に自然保護団体「アフリカゾウの涙」を立ち上げ、日本で暮らす人々にアフリカゾウの密猟の現状を訴える自然保護活動に取り組んでもいた。

私はそんな彼女の活動に敬意を表しながらまるで小学生のように質問を重ねた。

「ここでもやはり密猟には銃が使われているんですか」と私は自身が行ったモザンビークでの取材を思い出しながら聞いた。

「ケース・バイ・ケースね」と滝田は答えた。「周囲にレンジャーがいない地域ではライフルや自動小銃が使われたりするけれど、レンジャーのパトロールが行われている地域では銃声が聞こえないよう、音のしない毒矢や槍を使ってゾウが殺されているケースもある。最近ではゾウの通り道にワイヤーをはってゾウの脚に食い込ませて歩けなくさせたり、ゾウの好物のカボチャにゾボヒューラン系殺虫剤を詰め込んでゾウを毒死させたりするケースもあるし……」

ひどいな、と私が漏らすと滝田も深く頷いた。

「本当にひどい」と滝田は意図的に言葉を尖らせて言った。「なんで日本人はそんなに象牙の印鑑を欲しがるのかな？　私は六歳で父の仕事の関係で日本を離れてしまっているから、そこら辺の事情、よくわからないのよ。印鑑にしても、アクセサリーにしても、それってゾウの命を奪って——もっと言えば、ゾウの顔をえぐり取って——作った物でしょ。そんな血まみれの怨念がこもったようなもの、私だったら絶対持ちたくなんかない」

なぜ日本人は象牙の印鑑にこだわるのか——。

その世界的に見れば理解が極めて難しい嗜好については、事前にインターネットで調べてきていた。

いくつかのサイトによると、中国を経由する形で日本に象牙がもたらされたのは六世紀ごろ、そのほとんどが安南（現・ベトナム）産、つまりアジアゾウの象牙だったと見られている。

ところが、江戸時代後期に幕府が施行していた鎖国が解除されると、アメリカやヨーロッパから外国船が頻繁に国内の港に訪れるようになり、それに伴って大量のアフリカゾウの象牙が国内にもたらされるようになった。それまでは伝統文化として独自の技術を継承していた日本の象牙職人たちはそれらを根付や伝統楽器、櫛やかんざしなどへと加工し、一部を「特産加工品」として海外に輸出し始めるようになったのだ。象牙の人気は庶民の間にも広がり、大正時代に入るとピアノの鍵盤や麻雀パイ、ビリヤードの球などの素材にも使われるようになっていく。

しかしもちろん、日本における象牙の消費を爆発的に引き上げる最大の要因となったのは他でもない、戦後に急増した印鑑素材への転用である。

いくつかの印鑑販売サイトを覗くと、象牙の印材としての利点が次のように紹介されている（要約）。

・見た目が美しい。真っ白でもなく、黄ばんでもおらず、独特の落ち着いた色をしている。捺印した後も、象牙の「白」と朱肉の「赤」のコントラストが美しく、縁起のよいものに感じられる。

・朱肉の吸着性が良い。素材として適度な軟らかさがあり、朱肉が馴染みやすく、捺印もしやすいため、印影が美しく鮮明なものになる。

・耐久性や耐摩耗性に優れている。印鑑は変形すると改印の手続きが必要になるが、象牙は乾燥やひび割れにも強く、何年経ってもほとんど変形がみられない。
・高級感がある。象牙は「印鑑の王様」とも呼ばれ、契約の場では服装や時計と同じように、印鑑はその人を判断する材料にもなる。使い込むほどに艶が出て味わい深いものになっていくため、一生に一つを使い続ける実印に相応しい。
・希少性が高い。市場に出回る象牙はワシントン条約締結以前のものに限られており、輸入は再開されていないため、将来手に入らなくなる可能性がある。

一八七一年（明治四年）に法令で「取引の際にはあらかじめ印影を届け出て『印鑑帳』を作成し、印影を照合・確認できるようにしなければならない」と国が取り決めた当初こそ、国内の印材は水牛の角や水晶が主流だった。しかし、日本が戦後の高度経済成長期を迎えると、象牙は「幸運を呼び込む印材」として人気を集め、一九八四年には約四七四トンもの象牙が日本に荷揚げされるなど、日本は世界の象牙の約四割を消費する「象牙消費大国」へと暗躍してゆく。それは同時に、アフリカで当時生息していた野生ゾウの半分に匹敵する約七二万頭ものアフリカゾウが日本人の印鑑などのために命を奪われたことを意味していた。

当然、西洋諸国は日本の無規律な象牙の消費行動にすぐさま懸念を訴えた。「このままのペースで密猟が続けば、アフリカゾウは約半世紀で絶滅してしまう」とする報告書を発表し、ワシントン条約で象牙の国際取引を禁じるよう国際社会に提起したのである。

これに対し、象牙の輸入国である日本や香港、象牙の輸出国である南部アフリカの国々は「野生動物はそれぞれの国が自由に利用できる『資源』である」と大反発し、規制に対抗しようと試みる。だが、アフリカゾウの危機的状況を前に国際社会の支持を得ることはやはり難しく、最終的には一九八九年、ワシントン条約によって象牙の国際取引は一部の研究利用などの目的を除いて全面的に禁止されてしまうのだ。

しかし、日本は象牙を諦めなかった。再び輸出にこぎ着けたい南部アフリカの国々と結託し、ワシントン条約になんとか一定の「例外」を設けることで、再び日本への輸入を認めさせようと画策し続けたのである。

転機はワシントン条約が発効してから七年が過ぎた一九九七年、南部アフリカのジンバブエで開催されたワシントン条約締約国会議だった。日本と南部アフリカの国々はそれまでの「野生動物はそれぞれの国が自由に利用できる『資源』である」という主張に加え、「象牙の国際取引が生み出す経済的利益こそが、ゾウの保全や地域住民のための経済開発に貢献しうる」といったゾウの持続可能な利用を強調するキャンペーンを展開し、結果としてボツワナ、ナミビア、ジンバブエの三カ国で自然死したゾウの象牙計約五〇トンを一回に限り、日本に試験的に輸出することを「例外的」に認めさせてしまうのである。類似の「特例輸出」は二〇〇九年にも実施され、今度はボツワナ、ナミビア、ジンバブエ、南アフリカの南部アフリカ四カ国で採取された計一〇一トンの象牙が一回に限り、日本と中国に輸出されることが認められてしまった。

そして皮肉なことに、この「一回限り」の象牙輸出入が結果的に中国で新たに巻き起こった象牙ブームの引き金を引く要因になってしまったのだ。

象牙は一度輸入されてしまえば、それが「特例」によって輸入された「正規象牙」なのか、「密輸」によってもたらされた「密猟象牙」であるのかは見分けがつかない。それまでは出回っている商品のすべてが「密猟象牙」だったはずの象牙市場に、密輸業者が「正規輸入品」と偽りの商標をつけて「正式」に違法象牙を送り込めるようになったことにより、中国における象牙の市場は爆発的に拡大し、供給元であるアフリカ大陸では再びゾウが大量に殺されることになったのである。

第一次の密猟ブームが起きた一九七〇年代とは違い、二一世紀の密猟者たちは携帯電話とGPSといった最新の電子機器を用いてサバンナに潜んでいるゾウの群れの位置を正確に把握すると、自動小銃や狙撃銃を使ってアフリカ各地でゾウの群れを全滅させていった。結果、二〇一〇年代に入る頃にはたった一年間でその生息数の約一六分の一にあたる約三万頭ものゾウが殺されてしまい、気がついた時には、あと十数年ですべてのゾウが地球上から消えてしまうかもしれないといった危機的状況に追い込まれてしまっていた。

今すぐ密猟を止めなければ、ゾウは本当に絶滅してしまう——。

アフリカゾウを取り巻く人々はその文言を脅しや警告としてではなく、やがて訪れる近い未来の現実として受け止めたのだ。

そして、その代表的な一人がアフリカゾウの生息地・ケニアで働く日本人獣医師の滝田であった。密猟現場の最前線で活動を続ける彼女は、その悲劇の一端が自らの故国・日本の商業的利益の追求によってもたらされたものだという歴史的事実を極めて重く、そして何より苦々しく受け止めていた。

「今はもうやりたい放題よ」と滝田はマサイ・マラのサファリロッジのレストランでパイをはちみつに浸したようなデザートを食べながら私に言った。「かつては黒く塗った象牙を木材と一緒にコンテナに詰め込んで東南アジアから香港を経由して中国本土に運び込むといった手法が一般的だったけれど、最近は切断した象牙を複数のスーツケースに詰め込み、『運び屋』を使って中国に運び込むといったケースが増えている。最近香港で摘発された『レンタルベイビー』のニュース、読んだ？　二〇代の中国人女が一時間約四二〇円で借りた他人の赤ん坊を背負い、手荷物を乳児用品と申告して税関を抜けようとしたところ、エックス線検査で中に合計六キロの象牙製品が入っているのが見つかって逮捕されたって事件。中国の暴走はもう止められないわ。一九三〇年代には約五〇〇万頭から約一〇〇〇万頭いたとされるアフリカゾウは、今ではもう当時の一〇％しかいないのに、毎年約一割が殺されちゃっているっていうんだから、このまま行けばもう本当にアフリカゾウは十数年で絶滅しちゃうかもしれない」

「密猟者の狙いはカネですか」と私は単刀直入に滝田に聞いた。

「もちろん」と滝田は即答した。「ただ、ここで暮らしている貧しい人が全員密猟者になるってわけじゃない。世界のどこでも同じように、貧しくてもまじめに働いている人はたくさんいます。でも、カネにつられて密猟に手を染めてしまう人がいるのも事実。密猟象牙は今一キロあたり約一万円から約一万五〇〇〇円で闇取引されている。それはここで働くレンジャーの一カ月分の給料とほぼ同じなのよ。ゾウ一頭で一〇キロから一五キロの象牙が取れるから、彼らにとってみればゾウを一頭仕留めれば、それだけでもう一年分の年収が稼げてしまうってわけ」

「一年分……」と私は言った。

「そう、一年分の年収」と滝田もうんざりした表情で首を振った。「だから貧困が密猟の根底にあるということは事実なのだけれど、でも、中国人なり日本人なりが象牙を買おうと思わなくなれば、それは石ころ同然になるってわけよね？　つまり誰も違法行為を犯してまで、ゾウを殺して象牙を奪おうなんて考えなくなるわけ。問題の解決方法は実はとっても簡単なんです。『象牙を買わない』。それだけなの。でも、世界はずっとそれを実現できずに、現場は毎日もがき苦しんでいる。私だってそう。ゾウの虐殺の現場に立ち会いながら、いつまでこんな悪夢が続くんだろうって……」

私は食後の甘いアフリカン・ミルクティーを飲みながら、着手したばかりの象牙の密猟に関する取材を今後どのように進めていけばいいか、率直なアドバイスを滝田に求めた。彼女は私の質問に一瞬面倒臭そうな表情をみせたが（その正直さが彼女の魅力でもある）、少しの間考えて「密猟組織の内側に切り込んでみたら」と突き放すように私に言った。

密猟防止に取り組むレンジャーへの同行取材や密猟経験者へのインタビューならこれまでに世界中のメディアが腐るほど放映している。一方、密猟組織そのものに切り込むルポルタージュは未だ多くは発表されていない。密猟組織の中枢に迫る取材は確かに危険で難しいけれど、もし実現できれば立派なジャーナリズムの仕事になるんじゃないかな――。

「実はね――」と滝田はバイキングのテーブルに並べられていた黒い果実のようなものを口に含みながら言った。「私、あの日ね、もう少しで死ぬところだったのよ、ウエストゲートで」

「ウエストゲート⁉」

「そう、ウエストゲート。ほんの少しの偶然で生き残った」

ウエストゲート――そこはケニアでは知らない人のいない禁忌の場所だ。二〇一三年九月、外国人居住者らが集うケニアの首都ナイロビの大型ショッピングモール

「ウエストゲート」に国際テロ組織アルカイダ系のイスラム過激派「アル・シャバブ」が銃を乱射して侵入し、数日間立てこもって治安部隊と激しい銃撃戦を繰り広げた。外国人を含む少なくとも六七人が殺害されたとされるが、それらはあくまでも「政府見解」であり（ケニア政府はこの種の事案に対してはなぜか徹底的に嘘をつく）、その数字を信じるケニア人はいない。現場を目撃した治安関係者の中には「一〇〇体以上の遺体が横たわっているのを見た」との証言が多数あるため、未だ事件の概要さえ明らかになっていない超大型のテロ事件だった。

「あの日、ウエストゲートでは子ども向けのクッキングコンテストが開かれていて、知人が司会を務めることになっていたので、私も後から見に行く予定だった。でもちょっと用事があって三〇分ほど遅れて現地に向かおうとした時、カーラジオから突然、テロのニュースが飛び込んできて、ウエストゲートが襲われて多数の死傷者が出ていると……」

滝田はそこで意図的に話を区切ると、一瞬悲しそうな表情を見せた。

「私の知人は助かったけど、その場に一緒にいた知人の友人は銃で撃たれて殺された。私が伝えたいのはね、日本人やら中国人やらが趣味で買って楽しんでいる象牙のお陰で、ここでは無数のアフリカ人が殺されて、親や子どもや友人が死ぬほど苦しんでいるってこと。ウエストゲートを襲撃したアル・シャバブもそう。象牙がテロリストたちの資金源になっているのは、もう紛れもない事実なのよ。アフリカゾウを殺し、象牙を中国に密輸して稼いだ莫大な資金を使って、テロリストたちは武器を買い、戦闘員を育成して、無辜の市民を殺害している。象牙の価値が無くなれば、少なくとも彼らは収入源の一部を失う。象牙は今やアフリカの安全保障の問題なんだ」

滝田の話を聞きながら、私は先日ナイロビで取材したある青年の話を思い出していた。

青年はアル・シャバブが二〇一五年四月、ケニア東部のガリッサ大学を襲撃して学生ら一四八人を殺害した大型テロ事件の生存者だった。

ガリッサ大学襲撃事件――。

私はその日、南アフリカの最大都市ヨハネスブルクの自宅で遅めの朝食を食べていた。突然スマートフォンが鳴り、レオンの緊張した声が私に告げた。

「ケニア東部の大学がテロリストに襲撃された」とレオンはいつになく早口で言った。「〈蜂〉、よく聞いてくれ。『来た方がいい《You should come》』じゃない。『絶対に来る《You must come》』んだ。何年かに一度のテロだ。あるいは何十年かに一度の事件になるかもしれない」

テレビのチャンネルをBBCに合わせると、すでに事件のニュースが大々的に報じられ始めていた。テレビクルーはまだ現場に入れていないようだったが、現地への電話取材で被害の状況が徐々に明らかになってきていた。

襲われたのはケニア東部の中核都市ガリッサにあるガリッサ大学。武装勢力が大学の教室や学生寮などを占拠して、学生たちを皆殺しにしている――。

テレビをつけた当初はまだ二〇人前後だった犠牲者数がすぐに四〇人になり、三〇分後には一〇〇人を超えた。アフリカでのニュースは報道機関の推測や政府の嘘が多分に紛れ込んでおり、ほとんどの場合信用できない。ただ、その情報の混乱ぶりから、現場ではただ事ではないことが今発生していることだけはどうやら事実のようだった。一度起こると報復を含めて手がつけられなくなる。それがアフリカのテロリズムなのだ。

ガリッサはケニア東部の半砂漠地帯にあり、ナイロビから四輪駆動車で向かっても最短で六時間はかかる。ヨハネスブルクからナイロビまでは飛行機で約四時間。今からどんなに急いでも到着は翌日の未明か朝になりそうだった。私は悩んだ末に重量が一〇キロ以上にもなる防弾チョッキと防弾ヘルメットをスーツケースに押し込んで、ヨハネスブルクの国際空港へと向かうタクシーに飛び乗った。

車中、東京の編集局にいるデスクから私の携帯電話に連絡が入った。

「まだ、銃撃戦が続いているみたいだ」と東京のデスクは興奮した声で言った。「安全に万全を期した上で、至急、現場に入ってくれ。できれば、夜が明ける前に現場のルポを送ってくれないか」

「わかりました」と私は答えた。「できるかどうかわかりませんが、とりあえずやってみます」

そんなデスクとのやりとりを東京の編集局で聞いていたのだろう、私と同期入社で優秀なアフリカ特派員の前任者が慌てて国際電話を掛けてきた。

「三浦くん、絶対やめた方がいいよ」と前任者は心配そうに私に言った。「夜、動いたら危険だよ。現場に行くのは朝になってからでいい」

「わかってるよ」と私は同期入社に明るく返した。「ポーズだよ、ポーズ。危険地帯で夜に動くアフリカ特派員がいるわけねぇだろ」

アフリカではやってはいけないことが二つある。一つは、危険だと言われている地域に一人で行くこと。もう一つは、危険地帯で夜動くことだ。

アフリカでは夜間、何が起こるかわからない。道路の真ん中に丸太を置いて車を停車させ、銃で脅して（あるいは射殺して）現金を奪うのは常套手段だ。事故を起こしても、救急車も来なければ、病院もない。危険地帯であれば尚更だ。テロの現場を取材するために、夜行動するアフリカ特派員はいない。

私とレオンは夜が明けてからナイロビを出発し、現場のガリッサ大学に到着したのはその日の昼過ぎだった。すでに襲撃者たちは治安部隊によって射殺されており、救急隊員らの手によって無数の死体が大学構内から運び出されているところだった。遠望できた学生寮の鉄格子は爆弾のようなもので吹き飛ばされており、コンクリート製の壁には銃撃戦によってできた無数の銃痕が残されている。目撃者の話によると、テロリストたちは最初に警備員を射殺した後、手榴弾で門を破壊し、六棟ある学生寮を襲って約八〇〇人の寮生のうち一四〇人余りを殺害したらしかった。

現場には予想通り、ドイツに拠点を置く海外通信社の日本人カメラマン、ダイ・クロカワがいた。ナイロビに常駐し、紛争地などの前線取材で米ニューヨーク・タイムズなどの一面を何度も飾っている著名な戦場カメラマンでもあるダイは、今回も銃撃戦の様子をすでに撮影済みらしく、その一部を私にパソコンの画面上で見せてくれた。

「あいつら、ひでえよ。頭上からパンパン撃ってきやがって……」

銃撃戦後に現場に踏み込んで写したとみられる画像にはどれも、頭や胸などが銃で撃ち抜かれて横たわっているテロリストたちの遺体が写されていた。

ケニアの治安当局はその時、「襲撃者たちは全員所持していた爆弾で自爆した」と発表していたが、ダイの写真を見る限り、誰一人として自爆してはいない。なぜケニア当局がこんな見え透いた嘘をつくのか。私には皆目わからなかった。

街中に出て、街の人の声を拾っていると、ガリッサ大学の生存者たちは治安当局によって町中心部にある競技場に集められていることがわかった。場内ではメディアによる取材は禁じられていたため、私は助手のレオンに親族を装って競技場に入ってもらい、数人の生存者から連絡先を入手して出てきてもらった。

その生存者の一人である青年に後日、ナイロビ市内で話を聞いた。

ガリッサ大学の教育学部に所属していた青年は当時、二〇〇人が暮らす学生寮の二階に寝泊まりしていたという。寮外で銃声が鳴り響き、寮の一階の踊り場から「ソマリアを攻撃するケニアに反撃する」と男の叫び声が聞こえたのは午前五時半過ぎだった。

「早朝だったし、最初は誰かがふざけているんじゃないかと思った」と青年は言った。「でもその後すぐに『タタタタタッ』というカラシニコフ銃を連射する音が聞こえたので、寮中がパニックになったんだ」

　銃声と同時に青年はすぐさま身を自室のベッドの下へと潜らせた。階下から漏れ聞こえてくる声で、寮生たちが襲撃者たちによって一階の踊り場に集められていることがわかった。

　襲撃者たちは寮生たちに「今すぐ携帯電話で家族に連絡しろ。家族に最後のメッセージを言え」と大声で命令していた。寮生が家族に電話し、メッセージを発した直後に電話を取り上げ、「これからお前の娘（息子）を殺す」と家族に宣言してからその場で寮生たちを射殺していた。

　ベッドの下から廊下へと這いだし、階段の隙間から一階踊り場をのぞき見てみると、覆面姿の男たちが寮生を一列に並ばせ、ナタで順番に首を切り落としているところだった（大学側はこれらの斬首行為があったことを否定しているが、後に出回った現場写真を見ると、寮生たちの首が切り落とされていることが確認できる）。

　青年は首を切られるくらいなら銃で撃たれた方がましだと思い、同室の友人と非常階段を一気に駆け下りて校門の外へと一心に走った。屋上から銃を乱射する音が立て続けに響き、すぐ後ろを走っていた友人が急に倒れた。青年は振り向くことなく校門を抜け、近くの茂みの中へと飛び込んだ。

無我夢中で数キロ走り、ようやく競技場に辿り着いた時、ポケットに入れていたスマートフォンに友人からいくつもの「写真」が送られてきていることに気付いた。

「これです」と青年はその時送られてきたという「写真」をスマートフォン上で私に見せてくれた。学校の教室に十数人の学生が血まみれになって横たわっている写真だった。送信時刻が当時の犯行時間と一致している。

「その時現場にいた友人によると、テロリストたちは寮生たちを一度教室に集めた後、『イスラム教徒は外に出ろ』と命令してから、残った寮生に向かって銃を乱射したみたいなんです。射殺後、遺体から携帯を盗み取り、それで写真を撮影して学生のメーリングリストに一斉送信していたと……」

「なんでそんなことを」と私は訳がわからなくなって青年に尋ねた。

「警察から聞いた話では、ケニア人に恐怖を広く植え付けるためだと……」

取材を終えた後、私はしばらくの間、青年に掛ける言葉が見つからなかった。

すると、青年はどこか思い詰めたような表情で突然、私に向かってこう言ったのだ。

「日本人は象牙を買いますか?」

「象牙?」

私は聞き間違えたのではないかと思い、青年に小さく聞き返した。

「そう、象牙です」と青年は若干精神が錯乱したような感じで私に言った。「もう、うんざりなんです。テロや紛争で人が死ぬ。知っているでしょう？　アル・シャバブは活動資金の四〇％を象牙の密輸で稼ぎ出している。なんでゾウの牙なんかにダイヤモンドみたいな値段がつくんだ。誰がそんなに大金を出すんだ。それでたくさん人が死ぬなんて、どう考えたって間違ってるだろ……」

青年の震える肩をレオンが隣で支えていた。

青年はあの時、確かに滝田と同じことを訴えていた。

第三章　キング・ピン

5

ケニア南東部の港湾都市モンバサに到着すると、赤道直下の強烈な太陽光に射抜かれて、あらゆる創造物がどこか白っぽく、磨りガラス越しの風景のように霞んで見えた。

気温約四〇度。

私とナイロビ支局の取材助手レオンは地方裁判所内に駐車したトヨタの中で、「男」を乗せた四人用の移送車両が敷地内に入ってくるのを二時間以上も待ち続けていた。

フェイサル・モハメド・アリ、四六歳。

通称「キング・ピン」。

欧米ではボウリングで中央に立つ五番ピンのことを、周囲を他のピンに取り囲まれているその様子から「キング・ピン」と呼ぶ。フェイサルは密猟捜査関係者の間で「組織の中枢」を意味するそのコードネームをつけられた、ケニア最大の密猟組織の「ドン」だった。

二〇一五年一二月、密猟組織の最重要人物として国際刑事警察機構（インターポール）に国際指名手配されていたフェイサルが、タンザニアに潜伏しているところを警察当局に突然逮捕されたのは、我々が象牙密猟の取材に本格的に着手してから約半年が過ぎたころだった。

アフリカの密猟事件史上初となる象牙の密猟組織の「ドン」の逮捕は、野生動物の保護に高い関心を抱く海外メディアにトップニュースで報道されたが、汚職が蔓延するケニアでは被疑者が大物であればあるほど裁判官や検事が犯罪組織によって買収され、被告は時を置かずに釈放されてしまう。そのため、ケニア在住の関係者の間では今回の事件においても裁判で被告が罰せられたり、密猟組織の実態が明らかになったりすることはほぼ絶望的だと考えられていた。

フェイサルへの単独インタビューを狙えないか――。

そう言い出したのは取材助手のレオンだった。

拘束中の密猟組織のトップに単独会見し、組織の内実や輸送ルートについて少しでも聞き出すことができれば、世界的なスクープにつながる。象牙の密猟にはケニア政府も深く関与しているから、あるいはケニア政府の高官や中国の要人といったビッグネームが飛び出してくるかもしれない。何より、犯罪組織のトップに面会するなんて通常であれば危険すぎてとてもできないが、今ならケニア当局が彼の周りをガードしているから命の危険を感じずにインタビューをすることができるんじゃないか――。

私とレオンは約一カ月かけて公判前のフェイサルがケニア南東部のモンバサ市内に長期拘留されている事実を突き止めると（ケニアを始めとするアフリカ諸国では、容疑者や被告がどの施設に収監されているのかを突き止めるのは決して容易なことではない）、さらに数週間かけてモンバサの地方裁判所長を「懐柔」し、フェイサルが担当弁護士に連れられて裁判所に訴訟手続きに訪れるタイミングを見計らって直撃インタビューをする計画を周到に練った。

そしてついに、その計画を実行に移す日がやってきたのだ。

〈来た……！〉

午前一〇時四二分、レオンの圧《お》し殺した声がトヨタの車内に響き渡った。錆び付いたゲートが上がると、鉄格子がはめ込まれた移送車両が地方裁判所の駐車場内へと進入し、我々が潜んでいるトヨタの前を横切って、殺風景なコンクリート造りの裁判所内の地下駐車場へと滑り込んだ。

〈行こう――！〉

私とレオンはトヨタを飛び出すと、打ち合わせ通りに裁判所地下の監獄へとつながる看守室へと早足で向かった。レオンに続いて部屋に踏み込むと若手の看守に肩をつかまれそうになったが、レオンがその腕を振り払い、前日に裁判所長にサインしてもらったという一枚のレターを周囲に向かって開いた。

「所長の許可は取ってある」

その声の低さが――レオンがいつになく緊張しているように感じられて――私を少しだけ不安にさせた。

大丈夫なのか、と一瞬気持ちが揺らいだ。

相手は国際指名手配されている密猟組織の「キング・ピン」なんだぞ――。

ケニアのマサイ・マラ国立保護区で獣医師の滝田明日香と面会した後、私は着手したばかりの象牙の密猟問題の取材を今後どう進めていくべきなのか、かなり真剣に思い悩んでしまった。時間をかけて何度も滝田の発言を頭の中で反芻《はんすう》してみたが、「レンジャーへの同行取材や密猟経験者へのインタビューならこれまでに世界中のメディアが腐るほど放映している」と言った彼女の指摘は全くその通りであり、私も職業記者としてそこに大量の時間と経費を注ぎ込んでいくつもりはやはりなかった。

しかし、どんなに前向きに検討を加えてみても、滝田が助言する「密猟組織の内側に切り込んでみたら」といった提案は、アフリカに着任してまだ数年にも満たない新米特派員の私にはいささかリスクが大きすぎるように思えた。物事には然るべき順序というものが存在している。私はどちらかというと、敵の本陣に刀を振りかざして馬で突撃していくような勇猛なタイプではなく、まずは周囲を丹念に下調べしてから問題の外堀を埋め、時間を掛けて本丸を打ち落としていくタイプの人間だった。

ところが、私が滝田から聞いた提案を後日レオンに伝えると、彼は嬉しそうに「ビッグ・ニュース」と口笛を吹き、すぐさま密猟組織の内側に切り込む取材に着手すべきだと私に勧めた。

彼曰く、レンジャーの同行取材や密猟経験者へのインタビューであれば自分もこれまでに何度も実施してきており、面白みはない。今、象牙問題で迫力のある記事を書こうと思うなら、密猟組織の中枢に迫っていく調査報道以外考えられない。アフリカゾウを取り巻く国際感情が劇的に変化している今こそ、アフリカからかつてないスクープを発信できる最高のチャンスじゃないか——。レオンはかつてマサイの戦士だったこともあり、馬で敵陣に切り込んでいくタイプの人間なのだ。

私はレオンと数時間話し合った結果、最終的にはいくつかの安全策を講じた上で、滝田の提案に思い切って飛び乗ってみることにした。

滝田やレオンが言うように、ジャーナリズムの世界で真剣に何かを書こうと思うのであれば、そこには少なからずリスクが存在することは避けられないことだったし、何よりもまず、私自身が彼らと話をしているうちに、今この大陸でアフリカゾウがどのように殺され、どのようにして日本を含めた東洋に密輸されているのか、そのプロセスを自らの目と耳で確かめてみたいと思ってしまったのだ。

そう決断した上で周囲を見渡してみると、今の取材態勢は完璧とは言えないまでも、ベストに近い布陣と言えそうだった。私のそばにはマサイ民族出身のレオンがおり、助言者としての滝田がいる。

私はケニアから家族が待っている南アフリカに戻ると、早速、インターネットで象牙に関する関連書籍を取り寄せ、ヨハネスブルクの自宅に籠《こも》ってアフリカゾウを取り巻く現実や象牙に関する歴史を半ば強制的に頭の中に詰め込んでいった。アフリカで活動する環境NGOのホームページの他、アフリカゾウの世界的権威であるイアン&オリア・ダグラス＝ハミルトンの『象のための闘い』（岩波書店）、ケニア野生生物公社の初代総裁を務めたリチャード・リーキーの『アフリカゾウを護る闘い』（コモンズ）、ケニアで研究活動を続けている日本人研究者中村千秋の書籍や、象牙の特集を頻繁に組んでいる米誌ナショナルジオグラフィックなどを夜を徹して読み込んだ。

そして一定程度、知識が有機的に積み上がった頃合いを見計らって、まずは手始めに、レオンに実際に密猟に関わった密猟者や象牙の仲買人などへのインタビューをアレンジしてもらった。

コーディネーターとしてのレオンの働きには目を見張るものがあった。

密猟は明確な違法行為であり、発覚すれば逮捕されたり、刑事罰に問われたりする可能性があるため、当初、当事者へのインタビューは相当難しいのではないかと考えていたが、実際に取材を始めてみると、実に十数人もの当事者が我々のインタビューに快く応じてくれた。

すべてはレオンの人脈と信用の為せる業だった。所属新聞社のナイロビ支局に二〇年以上勤務するレオンは、日本の新聞社で働いていれば間違いなく警視庁や東京地検特捜部といった事件持ち場を任されるだろう、ケニアでも指折りの事件記者だった。紛争地などの危険地取材にめっぽう強いだけでなく、ケニアの地下組織や犯罪組織にも精通しており、何よりゾウの密猟が多発しているケニア南西部や南東部に強固なマサイ民族のネットワークを張り巡らせている。

アフリカでは「血」が「法」よりもモノを言う。今回もレオンの人脈と信用を担保にほとんどの当事者が実名で——もちろん記事では匿名を使うことを条件に——我々の取材に応じてくれた。

最初にインタビューに答えてくれた密猟者は、なんと野生動物の保護を担う国営機関の元レンジャーだった。かつてケニア北部の自然保護区に勤務していたという三二歳の青年は、証言の内容が外部に漏れぬよう、所属新聞社のナイロビ支局内で取材に応じた。赤土に汚れたシャツを着ていたが、足には真新しい靴を履いている、ケニアの若年層にしては珍しく謙虚な話し方をする実直そうな青年だった。

「どうしてもカネが必要だったんだ」と青年は我々の取材に静かに語った。

勤務先の自然保護区をクビになったのは二〇〇九年（解雇の理由は明かさなかった）。当時レンジャーの月給は約一万五〇〇〇シリング（約一万五〇〇〇円）で、直後に父親が病死したこともあり、三人の家族を抱えたまま生活が立ちゆかなくなった。

ゾウの密猟に手を出したのはその数カ月後のことだった。

「最初は槍を使ってゾウを殺したんだ」と青年は言った。「でもゾウは皮膚が厚いから槍で殺すのは大変なんだ。近づけば、こっちが踏みつけられて殺されるかもしれない。だから、まずは銃を買うために、密猟で奪った象牙を知り合いのケニア人の仲買人に売った。一キロあたり約六〇〇〇シリング（約六〇〇〇円）。そして翌年、ようやく中古の銃を買ったんだ」

「どこで銃を購入したのですか」と私は尋ねた。

「友人と一緒にエチオピアの国境地帯に行き、近くの村でエチオピア人から買った」と青年は言った。「エチオピア人の男にカネを払うと森の中へと連れて行かれ、『ここで少し待っていろ』と言われた。しばらく待っていると、男はスコップを持ってきて周囲を掘り始めたんだ。十数分後、土の中からビニール袋にくるまれた自動小銃が出てきた。アメリカ製のM16だった。中古だったけれど、ちゃんと《United States of America》という刻印があった」

アメリカ製のM16の値段は約七万シリング（約七万円）。銃を手に入れた後、青年は友人を誘って月に一度、満月の夜を選んでサバンナへと出た。サバンナにはゾウだけでなく、ライオンやヒョウなどの肉食獣が潜んでいる。月明かりの下で友人に周囲を見張ってもらい、ゾウの群れを見つけると、大きな牙を持ったゾウを狙って引き金を引いた。

「象牙を抜き去るとき、初めは斧でゾウの顔ごと切り落としていたんだ。でも『ある方法』を教えてもらってからずっと楽になった」

「ある方法？」

「うん、『中国人』が教えてくれたんだ」と青年は言った。「ある時、象牙の買い付けに来ていた『中国人』が『これを使ってみなよ』と『白い粉』をくれたんだ。仲間内では『魔法の粉《マジックパウダー》』と呼ばれていた。ゾウを殺した後、牙の付け根に斧で切り込みを入れてその粉を塗り込んでおくと、数時間後には象牙の周りの肉だけが腐って象牙がすっぽりと抜け落ちるんだ。その『粉』を使うようになってから随分と作業が楽になった。日没と同時にサバンナに入り、ゾウを殺してから一度家に戻った後、夜明け前に現場に戻って象牙を抜き取って帰ってくることができるようになったから」

「その『魔法の粉』をくれた『中国人』とはどうやって知り合ったのですか」

「『中国人』が象牙を高く買ってくれることは、僕らが暮らす地域では誰もが知っていることなんだ」と青年は話した。「僕はそれまで『中国人』と知り合いではなかったから、仕方なく知り合いのケニア人の仲買人に密猟象牙を売っていた。でも、あまりにも値段が安いので、ある日、友人に『中国人』を紹介してもらい、以来、その『中国人』と直接ビジネスをすることにした。『中国人』はケニア人の仲買人のほぼ倍に近い一キロあたり約一万二〇〇〇シリング（約一万二〇〇〇円）で買ってくれたんだ。さらに、僕がその『中国人』のためだけに働くという専属契約を交わしてからは、一キロ約一万五〇〇〇シリング（約一万五〇〇〇円）で買ってくれるようになり、最後には強力なライフル銃まで使わせてくれるようになった。僕は信頼されているんだと思い、その分、多くの象牙を集めようと頑張ったんだけど……最終的には捕まってしまった」

「捕まった……？」

「そう、逮捕されたんだ」と青年はわずかに首を振り、苦笑いしながら証言を続けた。「僕はあまりにも多くのゾウを殺しすぎたんだ。ケニア野生生物公社に指名手配されてしまい、レンジャー時代の元同僚から聞いたところによると、当時、密猟の現場で僕を見つけたらその場で射殺してもいいことになっていたらしいんだ。僕は元同僚からそのことを聞かされて、殺されては元も子もないからすぐに賄賂を払うことにした。それはここでは当たり前のことなんだ。事前にエリアを受け持っている四人のレンジャー全員に合計二〇万シリング（約二〇万円）を支払い、銃を持って僕が野生生物公社に出頭するから、銃だけを取り上げて身柄はそのまま釈放してくれるように頼んだんだ。彼らは事前にカネを受け取り、僕を形だけ逮捕したようにして、その日は打ち合わせ通り釈放してくれた。だからもう表向きは密猟をやめたことになっている」

「表向きは？」と私は少し驚いたふりをして聞き返した。

「そう」と青年は困ったような表情で言った。「表向きはそういうことになっている。僕も家族を養わなければならない。そのためには仕方がないんだ」

私は次の質問をどう続けるべきか、若干思案しながらレオンに向けて視線を送った。レオンは感情を表に出さずに私の横でただ頷いている。

「ゾウを殺し続けることに罪悪感はない？」

私は一呼吸置いてから、少し問い詰めるような口調で青年に尋ねた。

「ない……と言えば、嘘になる」と青年は一瞬言葉を詰まらせて質問に答えた。

「罪の意識を感じるのは、例えば、子ゾウを殺す時だ。僕たちはどうせ殺すなら、やっぱり大きな牙を持った雄ゾウがいい。雄ゾウが見つからない時は、長い牙を持った雌ゾウを殺す。でも、そういう雌ゾウのまわりには大抵、子ゾウがいるんだ。

母ゾウが死んでも、子ゾウは周囲から離れようとしない。だから子ゾウも一緒に殺すんだ。周囲で子ゾウがウロウロされると象牙をうまく抜き取れないから。そういう時はやっぱり後悔する。僕だって子どもがいるし、結局は家族を守るためにやっているわけだから……」

ケニア南部に位置する国立公園近くの村では、実際に中国人と象牙の売買をしたという複数の仲買人に会うことができた。そして驚くことに、彼らのほぼ全員が——マサイ民族の一員であるレオンの信頼と人脈を担保に——ある著名な高級サファリロッジが中国人との密猟象牙の売買拠点になっていた事実を、ロッジの実名を明かして証言してくれた。

「俺が象牙のやりとりを始めたのは二〇〇八年からだった」と三六歳のケニア人の仲買人は取材に語った。「最初は象牙を欲しがる人間と密猟者をつないで、その双方からマージンを取る仲介人の仕事をしていた。象牙を買い求める人間には俺たちのような地元の人間が絶対に必要なんだ。奴らは象牙を運ぶために大型のバンかピックアップトラックでやって来る。ただ、ここは国立公園内だから、どうしても入り口のゲートをくぐり抜ける必要があるんだ。その際、必ず警備員に止められて、車の中をチェックされてしまうからね。そこで俺たちは事前に買い受け人と連絡を取り合い、奴らが公園内に来る前にはしっかりとゲート係に賄賂を払って奴らの車を特別に見逃してもらう。そしてその後、奴らを売買の場所まで案内するんだ。でも、それだけではあまり利益が出ないので、二〇一一年ぐらいからは数人でグループを作り、タンザニア側の密猟者たちから象牙を直接買い上げて、ナイロビ側の買い受け人たちに売り払う仕組みへと変えたんだ」

「中国人と象牙の売買をしたことはありますか」と私はレオンに聞いてもらった。

「もちろんさ」と男性は笑いながら我々に語った。「中国人は象牙を欲しがる他のアラブ人やインド人、アフリカ人と比べてもずば抜けてカネ払いがいいんだ。さらに良いことに、中国人とのビジネスには警察やケニア野生生物公社が絶対に口を出してこない。たぶん、彼らは相当な額の賄賂を警察や野生生物公社に払っているんじゃないのかな。唯一の難点は、中国人は売買の際にいつも担当者を替えてくることだ。たぶん組織でやっているのだろう。あと英語がとても下手なこと。個人的に信頼関係を結びにくいというのはあったけれど、とにかく中国人は象牙を高く買ってくれるし、我々にとっては最高の上客だった」

「密猟象牙はどこで売買されていたのですか」

「〇〇ロッジだ」と男性はある有名なサファリロッジの実名を明かした。日本人観光客も頻繁に宿泊し、日本のガイドブックにも掲載されている高級ロッジだ。

「あなたも実際にそこで象牙を取引した経験がありますか」

「もちろんだとも」と男性は先程と同じ台詞を繰り返した。「みんなあそこで象牙を売買していたんだ。今思うと不思議な話だ。あのロッジは公園事務所やケニア野生生物公社の支部からもそれほど距離が離れていない。公園事務所や野生生物公社の幹部たちはそこで何が行われているのか、みんなわかっていただろう。でも、結局は見て見ぬふりさ。警察はもちろん、野生生物公社の幹部は全員が完全に買収されていたからね。でも、そこはお互いに問題にならないようにうまくやっていた。俺たちの中には不文律のようなものがあって、大事なことは観光客が来るような自然保護区内では絶対に野生動物を殺さないこと。外国人がサファリツアーに来て、顔のないゾウの死骸が横たわっていては、レンジャーたちのメンツは丸つぶれだし、観光客だって減ってしまうからね。だから、密猟のほとんどは国立公園の外の敷地か、タンザニア国境の近くで行われていた。俺がタンザニア側から象牙を買っていたのはそういう理由だ」

ケニア南西部のマサイ・マラ国立保護区では、四〇年近く密猟に携わってきたという六二歳の密猟者の「元締め」から直接話を聞くことができた。「元締め」は外国人記者である私の立ち会いを嫌ったため、私はレオンに事前に質問を渡した上で元締めとのスワヒリ語でのインタビューをICレコーダーに録音してもらい、後日英訳したメモを私のメールへと送ってもらうことにした。

翌日送られてきたインタビューメモには、レオンと「元締め」のやりとりが次のように記されていた。

――最初にゾウを密猟したのはいつですか

「一九七八年、初代大統領のジョモ・ケニヤッタが死んだ年だ。同じ年頃の友人と一緒に槍で殺した。象牙はナイロビから来たケニア人の仲買人に売った。当時は象牙だけでなく、特にサイの角に大きな需要があり、サイを殺して角を売るととても高く売れたんだ」

――ケニア政府や警察はまだ密猟を取り締まっていなかったのですか

「ケニア政府が密猟撲滅のキャンペーンを始めたのは一九八三年からだ。それ以降、警察やレンジャーたちが『取り締まりだ』といって密猟者たちに賄賂を求めたり、ひどいときには仲間を殺したりするようになった。私にも懸賞金が掛けられたので、慌ててタンザニアへと逃げたんだ。タンザニアではまだ取り締まりが緩かったので、そこでまた密猟を始めた。向こうではケニア以上に象牙やサイの角の需要があった。ケニアに帰ってきたのは一九九〇年だよ。密猟撲滅キャンペーンはとっくに下火になっていたから、再びこの地で密猟を始めた。当時、ケニア国内にはエチオピアやウガンダ、スーダンからどんどん銃が流れ込んできていて、俺たちの環境は劇的に変わった。ゾウを倒すことが容易になっただけでなく、こちらも銃を持っているので、レンジャーたちもうかつに手が出せなくなったんだ。その代わり、密猟者同士の諍《いさか》いも増えた」

――密猟者にも縄張りがあるのですか

「もちろん、ある。俺たちのテリトリーは現在、ケニアとタンザニアの国境地帯、マサイ・マラ国立保護区とセレンゲティ国立公園の近くにある一区画だ。俺たちは決して国立公園の中ではゾウやサイを殺さない。それは警察やレンジャーとの取り決めなんだ。一方で、他人の縄張りで勝手に猟をすることは絶対に許されない。それも長年の掟だ。もし、猟をしたければ、そこの縄張りの長老に接触し、何らかの許諾を得なければならない。相手はこちらを信用できる人間かどうかを見極めている。最大の条件は『秘密を守れるかどうか』だ。地元の猟師だけでなく、警察や野生生物公社とも情報を共有できるか。この国ではそれらは一番大切なことだ」

――中国人とビジネスをするようになったのはいつごろですか

「中国人が頻繁にマサイ・マラを訪れるようになったのは今から一〇年か一五年くらい前のことだ。俺自身、二〇〇五年には大量の象牙を中国人に売った。最後に中国人と売買したのは二〇一三年の初頭だ。中国人は白人とはまるで違ったやり方をする。奴らは白人と違ってサバンナの中にまで四輪駆動車で入ってくるんだ。日本の車、そう、トヨタ・ランドクルーザーだ。彼らは象牙を受け取るだけじゃなく、カネや銃や象牙を抜き取るための粉なんかも運んでくる。白人はそういうことは絶対にしない。あいつらはただナイロビで待っているだけだ」

――逮捕された経験は

「四回逮捕されたが、いずれもすぐに釈放された。長期間拘束されたのは一回だけで、二週間拘留された後、野生生物公社に勤める友人が上司と交渉して賄賂を払ってようやく釈放されたんだ。密猟事案で法廷に送られたり、収監されたりする奴は、よっぽど強欲で警察や野生生物公社と交渉しない聞き分けのない素人だ。普通にやっていれば、そこまでされることはまずない。警察や野生生物公社自身も密猟に関与しているからだ。信頼関係がここでは何よりも大切になってくる。密猟が違法であることは誰もが知っているが、それに誰もが関わっているということも、ここでは周知の事実なんだ」

――これまでに何頭のゾウやサイを殺しましたか

「覚えていない、というよりも、そこに大きな意味などないよ。数百頭か、数千頭か。俺は確かにゾウやサイをたくさん撃ったが、そのすべてにおいて牙や角を奪えたわけではなかった。半数以上は傷を負ったまま遠くへと逃げてしまった。たぶん、俺たちの知らないところで死んでしまったのだろう。ゾウやサイだけじゃなく、ライオンやヒョウ、チーターも殺してその皮を売った。それらはずっと楽だった。ケニア政府は当時、『ネコ』にはゾウやサイほどは目を光らせていなかったからね」

――これからも密猟は続いていくと思いますか

「そう思う。密猟は俺がまだ小さかった頃からあったし、今も脈々と続いているし、今後もなくなることはないだろう。きっと野生動物が絶滅するまで続く。

残念なことだが、それは仕方のないことなんだ。君も知っているとおり、密猟は最初はケニア政府が始めた。象牙を外国人に売り、自らの懐を肥やすために。でも今は政府だけじゃなく、ここで暮らす殆《ほとん》どすべての人間が密猟から何らかの利益を得て生きている。警察も野生生物公社も。昔から何一つ変わっていない」

マサイ・マラ国立保護区で六二歳の「元締め」へのインタビューを終えた後、私とレオンは密猟者や仲買人に関するインタビューから徐々に密猟組織の内側に切り込んでいく取材へと軸足を移していこうと試みた。

しかし、事前に予想していたことではあったが、レオンの人脈や経験を駆使しても国際シンジケートの内側にいる人間への接触はやはり難しく、レオンに偽名を使って数カ月間潜入取材を続けてもらっても、我々の取材に応じてくれる関係者はついに一人も現れなかった。

6

アフリカでは「満月の夜には何かが起こる」と人は言う。

その日も満月の夜だった。南アフリカの自宅の寝室で充電中だった私の携帯電話が突然鳴った。

着信表示を見ると、ナイロビ支局の取材助手レオンからだった。彼とは通常、「ワッツ・アップ」と呼ばれるスマートフォンのアプリでメッセージをやりとりしている。私の携帯電話に直接電話を掛けてくるのは管内で大事件が発生した時か、彼の身に非常事態が発生した時に限られていた。

通話ボタンを押すと、レオンの動揺した声が耳の中に飛び込んできた。

「取材協力者が死んだ」と彼は言い、その死亡したという取材協力者の名前を私に告げた。我々が数週間前に取材を申し込んでいた元密猟者の名前だった。

「殺されたんだ」

「殺された？」

「間違いない」とレオンは言った。「たぶん――呪いだ」

レオンは多くのアフリカ人が今もそうであるように、呪術の存在を心から信じている。彼は今回の出来事も目に見えない「魔術」の仕業であると、半ば断定しているようだった。

私はひとまずレオンを落ちつかせた上で、彼の周辺で一体何が起きたのか、事実関係を一つ一つ丁寧に聞き取っていった。

レオンによると、彼はその日、我々が取材を申し込んでいた元密猟者の兄から電話をもらい、元密猟者が「殺された」ことを告げられた。数日前、食事の最中に突然意識を失い、そのまま倒れて死亡したのだという。

元密猟者はかつては村の若者たちと一緒にゾウの密猟に手を染めていたが、近年、周囲から警察や野生生物公社の協力者ではないかと疑われていた。電話越しにレオンの報告を聞く限りでは毒殺の可能性が高そうだったが、レオンは自分にも呪いが掛けられるのではないかとひどく心配し、かつ動揺もしていた。

「わかった。とりあえず、象牙の取材からはいったん手を引き、様子を見よう」と私はレオンに提案した。「それまではしばらく、体を休めていてくれないか」

レオンはアフリカ社会にはびこる黒魔術や呪術について人一倍敏感な人間だった。

日頃から私が出張先のベッドに髪の毛などを残したりすると、「呪いに使われるから髪の毛は絶対に残してはいけないよ」と真面目な顔で怒り出すくらい、その魔力と効果を信じ込んでいた。

故にその一件以来、私はレオンが密猟組織の取材から撤退するか、あるいはよりソフトな取材へと移行するのではないかと考えていたが、結果的にはそうはならなかった。

レオンはむしろ、私の予想に反してより積極的に――あるいはより献身的に――密猟組織への潜入取材へと身を乗り出していったのである。彼の中の何が彼を密猟組織の取材へと追い立てているのか、その動機や理由についてはわからなかったが、とにかく、レオンは取材を予定していた元密猟者が死亡した後も、密猟組織の内部へとつながる糸口を探そうと懸命にケニア国内を駆け回っていた。

密猟組織の「キング・ピン」と呼ばれたフェイサル・モハメド・アリが逮捕されたのはちょうどその頃だった。レオンは「神が与えてくれた最大のチャンスだ」と私に告げると、マサイ民族のネットワークを駆使してフェイサルがモンバサの刑務所内に拘束されている事実を割り出し、なんとか面会の機会を探ろうとナイロビから約四五〇キロ離れたモンバサに粗末な鉄道やバスで延々と通い続けたのである。

「ようやく接触できる可能性が出てきた」とレオンから報告を受けたのは、彼がモンバサに通い始めてからちょうど三週間が過ぎた頃だった。

正直に言えば、私はその時、現段階でフェイサルに接触するのはいささか危険すぎるのではないかと感じていた。

相手はインターポールに国際手配されていた密猟組織の中枢である。本人に接触することの難しさに加え、もしフェイサルが何らかの情報を漏らしたとしても、その口封じのために私やレオンが犯罪組織の人間から狙われかねない。南アフリカ同様、汚職や犯罪が蔓延しているこのケニアでも、犯罪組織から完全に身を守り抜くことは事実上不可能に近い。特にレオンはナイロビ近郊に住所と家族を置いているのだ。

そんな私の懸念に対し、レオンは一向に怯《ひる》まなかった。「フェイサルのような超大物にインタビューできるチャンスは今しかない」と自らの主張を断固として譲らず、最終的には半ば独断的にフェイサルへの接触の可能性を探り続けたのである。

彼は「大丈夫、俺にも家族がいるので無理はしないよ」と約束した上で、ナイロビ支局の銀行口座に取材経費を送るよう、南アフリカで暮らす私のもとに何度も電話を掛けてきた。

当初、レオンはフェイサルの身柄を拘束している警察組織に直接あたるのではなく、フェイサルの親類筋を通して彼と接触できないか探っているようだった。しかし、親類筋とのパイプ作りには成功したものの、彼ら自身がフェイサルとの面会を禁じられてしまったため、レオンは次善策として比較的警備の緩い司法組織に――具体的には最も当事者意識の薄い裁判所に――狙いを移したようだった。

その作戦変更が功を奏した。

フェイサルの逮捕は国際ニュースとして全世界に配信されたため、ケニア政府は当時、自国に不利益な情報の流出を防ぐため、フェイサルの身柄を刑務所内で拘束してジャーナリストとの接触を厳密に禁じていた。

ただ、そこには一点だけ盲点があった。

レオンがモンバサ通いで仲良くなった――というよりは「懐柔」したと言った方が正しいのかもしれないが――裁判関係者によると、フェイサルはその日、裁判所内で検察官や裁判官との非公開協議に参加することになっていた。

その間隙を狙う、とレオンは言った。

フェイサルはその日の午前中、四人用の車両に乗って刑務所から裁判所内へと移送され、協議が始まるまでの間、裁判所の地下にある監獄内に収容される。そのタイミングを狙って監獄内に潜入できれば、フェイサルとの独占インタビューをものにすることができる。

レオンによると、裁判所の監獄を管理する裁判所長とはすでに話がついている。取材時間は一五分間。やるなら今しかない、とレオンは私に決断を迫った。

やろう、と即答することで、私は蜘蛛の糸のようなわずかな可能性を手繰り寄せるようにして面会の一歩手前までこぎ着けたレオンの努力に報いたかったが、やはり冷静に考えてみればみるほど、彼の現時点でのプランではインタビュー後に口封じの目的で犯罪組織から危害を加えられる可能性が排除されていないように思われた。

「一つだけ質問していいか」と私はレオンに確認した。「俺たちがフェイサルとその日に面会する可能性があるのを知っているのは誰だ」

「裁判所長、裁判所の警備局長、そしてフェイサルの弁護士の三人だけだ。彼らは〈蜂〉も俺の実名も住所も知らない」

フェイサルの弁護士が密猟組織に我々の訪問を漏らす可能性は皆無ではなかったが、少なくともインタビューを終えた直後に裁判所のあるモンバサを離れれば、追跡されたり、報復されたりする可能性を限りなく低く抑えられそうだった。

「よし、やろう」と私は腹をくくって南アフリカからの電話でレオンに告げた。

「このまま準備を進めてくれ。明日の早朝便でナイロビに向かう。そこから一緒にモンバサに乗り込もう」

7

フェイサルが拘留されているケニア南東部の主要都市モンバサは、個人的にはあまり長居をしたくはない街だった。南隣のタンザニアのダルエスサラームと並び、アフリカ各地で密猟された違法象牙がコンテナに船積みされて中国へと送られていく象牙の一大密輸出港であると同時に、内戦に陥っている北隣のソマリアにも近いことから、近年、イスラム過激派「アル・シャバブ」が映画館を爆破したり、飲食店に手榴弾を投げ込んだりするテロが頻発しており、この数年間で数百人の市民が犠牲になっているアフリカでも指折りの「最も戦場に近い街」だった。

私とレオンはナイロビから飛行機でモンバサに入ると、フェイサルに面会する直前、モンバサの地方検察庁の関係者を食事に誘った。取材前にフェイサルの直近の言動や裁判の進捗状況などを確認しておくことが目的だった。

モンバサ市内の照り返しのきついインド料理店に入り、我々は巨大なチャパティーを食べながら地検関係者から話を聞いた。

地検関係者によると、フェイサルは二〇一四年六月、モンバサ市内の車の販売代理店に潜んでいたところをケニアの警察当局に踏み込まれた。その五日前、白いトラックを使って約二一五二キロの密猟象牙（アフリカゾウ約一一四頭分に相当）を運び込んだところを何者かに——たぶん多額のカネを握らされた警察の内通者に——通報されたのだ。

警察が一斉捜索に乗り出した瞬間、現場に居合わせた共犯者たちはいつものように、すぐさま捜査員たちのリーダーに現金五〇〇万シリング（約五〇〇万円）の賄賂を差し出した。

しかし、なぜかこの時だけは捜査員らはそれらの賄賂を受け取らなかったとみられている——その理由はもちろん、現場には当時多くのインターポール関係者が同行していたからだ。

二トンを超える違法象牙の押収はケニア警察史上、最大規模の摘発事案だった。にもかかわらず、ケニア警察はこの時、いくつかの大きな「ミス」を犯している。

共犯者とみられる二人の容疑者こそ辛うじて逮捕したものの、肝心のフェイサル自身を「捕り逃がした」のである。

報道関係者の間では、フェイサルが捜査関係者に直接賄賂を渡し、捜査関係者が特別に逃走路を準備したのではないかとの見方が広まっていたが、地検関係者はこれらの推測については「どうやらそういうことではないらしい」と我々の推測をきっぱりと否定した（事実は不明）。

しかし、その逃走から約半年後、フェイサルはなぜか、タンザニアのダルエスサラームに潜んでいるところをタンザニア警察とインターポールによって逮捕されてしまう。現地報道によると、両者はおとり捜査でフェイサルの身柄を押さえたと伝えられているが、それがどのような捜査であったのか、詳細は明らかにされていなかった。

フェイサルの逮捕はその後、動物保護や環境犯罪に敏感な欧米社会の世論に大きな波紋を広げた。国連環境計画とインターポールが二〇一三年に実施した共同調査によると、違法象牙の密輸によって国際犯罪組織に流れる資金は年間で推定約一億八八〇〇ドル（約一八八億円）。アフリカにおける密猟組織の中心人物の逮捕はこれまでに例のなかったことであり、人々はフェイサルの逮捕をきっかけにアフリカとアジアをつなぐ国際犯罪組織の内側やその見えざる資金の流れに光が当たるのではないかと考えたのである。

しかし、モンバサ市内のインド料理店で取材に応じた地検関係者はそれらの考えを鼻で笑った。

「それはアフリカのことを全く知らない白人たちの考えだよ」と地検関係者は顔をしかめて言った。「白人はいつでも口で言うだけで、決して『手を汚さない』。密猟組織の全容が明らかになるなんて、ここでは絶対にあり得ないことだよ。密猟組織からはすでに大量の賄賂が政治家や警察幹部や裁判官に渡っている。なぜ今回、フェイサルが逮捕されたのかについてはわからないけれど、そのうち必ず釈放されるさ。その証拠に、フェイサルはすべての容疑を否認している。（ケニアの大統領である）ケニヤッタと同じさ。カネさえ積めば、アフリカでは罪に問われることはない」

地検関係者の発言は確かに、この大陸における真実を言い表していた。

事実、ケニアの現職大統領ウフル・ケニヤッタは二〇一二年、オランダ・ハーグにある国際刑事裁判所（ＩＣＣ）から殺人など人道に対する罪で起訴されている。二〇〇七年の大統領選で約一〇〇〇人以上の住民が死亡した時、その暴動を背後で指揮していたという容疑だったが、その後、ICCに疑惑の存在を証言していた住民らが突然死んだり、いつの間にか行方不明になったりしたため、ICCは裁判を維持できずに結局起訴を取り下げざるを得なくなった経緯があった。T・I・A《This Is Africa》（それがアフリカ）。ここではカネと権力がすべてなのだ。

公権力による腐敗と汚職はアフリカ大陸に共通した疾患ではあったが、特にケニアでは「感嘆すべき」という形容詞が決して大げさではないくらい、ありとあらゆる政府機関がドロドロに腐敗し切っていた。賄賂がまるで社会の「潤滑油」のようになってしまっており、警官や役人はもちろん、裁判官までもが公然と賄賂を要求するため、公正な裁判など成立し得ない。その最たるものが直接人命に関わらない、野生動物の密猟案件であるとも言われており、AFP通信がケニアの裁判所が過去五年間に下したゾウやサイの密猟事案に関する判例を調べたところ、法律では最大一〇年の懲役刑が科せられているにもかかわらず、実際に禁錮刑に処されたのはわずかに七%。司法の「留め金」が完全に外れてしまっているのが実情だった。

「フェイサルへの取材は極めて難しいし、会えたとしても彼は自分に不利なことは絶対に話さないと思うよ」と地検関係者は最後にそんな忠告を我々にしてくれた。

「でも、だからこそ彼自身に関係のない事柄であれば、あるいは外国メディアのあなたたちになら何か話すかもしれないけれど……まあ、やってみないとわからないね」

モンバサ地方裁判所の看守室で数十分間待たされた後、私とレオンは若い係員に連れられて裁判所の地下にある薄暗い監獄へと案内された。携帯電話とICレコーダーは入り口で没収されたが、なぜかアウトドアパンツの右ポケットに入れていたコンパクトカメラはチェックを免れ、監獄内に持ち込むことができた。

ぬめりのある階段を降りて地下監獄に入った瞬間、猛烈な暑さと湿度で一瞬気が遠くなりそうだった。むき出しのコンクリートに囲まれた窓のない監獄内では室温が六〇度を超えているようで、雑菌が繁殖した不潔なサウナのような蒸し暑さだった。

と、その時、監獄内に設置されている鉄格子の向こう側で、屈強な男が私をにらみつけていることに気づいた。

「誰だ、お前は！　中国人か！」とその男は私と目を合わすなり、ものすごい形相で怒鳴り始めた。「出て行け！　今すぐ出て行け！」

突然の罵声に、私は一瞬後ずさりした。その言動から鉄格子越しの男がフェイサルであることはどうやら間違いなさそうだった。ケニア国籍と聞いていたので典型的な黒人の容姿を想像していたが、フェイサルは一見すると黒人というよりはアラブ人に近い顔立ちをしていた。

レオンは構わずズンズンと鉄格子の方へと歩み寄っていく。私もレオンに続いてフェイサルに近づくと、まずは誤解を解くためにアウトドアパンツのポケットからパスポートを取り出し、顔写真のあるページを開いて自分が日本からやってきた新聞記者であることをフェイサルに示した。アフリカでは――特に古くからつながりの深いケニアでは――日本人や日本製品は圧倒的に信頼され、今も尊敬され続けている。私は赤いパスポートの効力を信じ、グイとそれを監獄の鉄格子の方へと近づけた。

次の瞬間、フェイサルの表情がわずかに変化した。私が中国人ではないことを知り、若干敵意を解いたようだった。

「こんな所に何をしに来た！」

フェイサルは興奮したまま、たたみ掛けるように私に怒鳴った。レオンが私に代わり、我々の所属と取材の趣旨をフェイサルに説明していく。

その間、私は素早く監獄内に目を走らせて周囲の様子を確認した。鉄格子に囲まれた一五畳ほどのスペースには三〇人前後の「囚人」が押し込められている。そこには人権というものがまるで存在していないらしく、警棒のようなもので看守に体を激しく殴打され、床にうずくまっている収容者の姿が見えた。床面に所々垂れ流されているものは、どうやら収容者たちの糞尿のようだった。

「俺は無実だ」とフェイサルは突然レオンに向かって英語で叫んだ。我々の面会の趣旨を理解してくれ、自らの意思をレオンに伝え始めたようだった。

「全くの無実だ」とフェイサルは変わらぬ大声でレオンに怒鳴った。「俺ははめられているんだ。早くここから出してくれ」

フェイサルもやはりこの狭い監獄の中で極度の不快を感じているようだった。

それにしても、暑い。わずか数分で着ていたポロシャツが汗でぐっしょりと重くなり、蒸気で眼鏡が曇ってしまう。手にしていたメモ帳の上にも汗がしたたり、ボールペンの文字が滲んでしまう。

「短く質問をさせてください」と私がレオンに代わってフェイサルに聞いた。「あなたは二トンを超える象牙を所持した容疑で逮捕されました。それは事実でしょうか」

準備していた逮捕事実の確認から私は質問を切り出した。

「逮捕されたのは事実だが、俺はやっていない」とフェイサルは顔中汗まみれになりながら怒鳴った。「俺はやっていない。これは罠だ。俺は車のセールスをやっていただけだ。象牙の売買に関わったことなどない」

「ではなぜ、インターポールはあなたを逮捕したのでしょう？」と私は若干早口になって質問を重ねた。「心当たりはありますか？」

「全くわからない」とフェイサルは再び怒鳴った。「これは罠なんだ。象牙の密猟には政府の上層部が関わっている。その連中が自分たちの象牙ビジネスが発覚しないよう、俺を罠にはめようとしているんだ。俺は何でも知っている。密猟は政府が国家ぐるみで行っているんだ。俺はその何人かを知っているし、実名で言える」

フェイサルは私の質問に自らの容疑を全否定した。しかし、自身は象牙売買に関わったことはないと言いながら、その内実を知っていると述べるなど、回答は完全に自己矛盾をきたしていた。

「とにかく俺を今すぐここから出してくれ」とフェイサルはイライラしながら私に怒鳴った。「この状況を見てくれ。ここに基本的人権なんてものがないことは、この状況を見ればすぐにわかるだろう。俺は耐えられない。家族も俺を必要としている。早くここから出してくれ。政府は俺が一〇〇〇万シリング（約一〇〇〇万円）

を賄賂として差し出せば釈放してやると言うんだが、そんなカネは払えない。俺は無実だ。奴らは俺が釈放されて、真実が表に出るのを恐れているんだ」

フェイサルが自らの置かれている環境に極度の苛立ちを感じていることは、鉄格子越しにもひしひしと伝わってきた。

一方で、私とレオンはフェイサルとのやりとりに若干の焦りを感じ始めていた。私たちが準備してきた質問を投げ掛けても、フェイサルはただ容疑の否認と釈放を求めるだけで、それ以外は何も語ろうとはしない。与えられた時間はわずかに一五分。このままでは何も聞き出せないまま、インタビューが終わってしまう。

私がレオンに視線で合図を送った瞬間、檻の向こう側でフェイサルが突然、予期しなかったことを口走り始めた。

「〈R〉のところに行け！」とフェイサルは神経が擦り切れたようになって大声で叫んだ。「〈R〉はすべてを知っている。〈R〉こそがこの国の象牙の密猟を仕切っているんだ」

〈R〉。

それはこれまでの象牙密猟の取材で何度か耳にしたことのある、ケニア在住の中国人のニックネームだった。ここでは便宜上〈R〉と表記することにするが、実際に彼は中国名ではなく、あまり聞き慣れない、一風変わったイングリッシュネームで呼ばれていた。

フェイサルはそのイングリッシュネームを我々に向かって何度も叫んだ。

「〈R〉を知っているのですか」と私はこみ上げてくる興奮を隠しながらフェイサルに尋ねた。

「知っている。よく知っている」とフェイサルは満足そうに答えた。「〈R〉こそが密猟組織の黒幕だ。政府高官とつるんで俺を罠にはめようとしている。押収された象牙のほとんどは実は〈R〉のところに行くものだった」

そして驚くことにその直後、フェイサルはほとんど知られていないはずの〈R〉の居住地や経営している会社の名前、そして〈R〉が運転している車の車種やその登録ナンバーなどを私とレオンの前でまくし立てるように暴露し始めたのだ。

「〈R〉のところに行け！」とフェイサルは絶叫した。「〈R〉はすべてを知っている！」

〈R〉の詳細は一般的にはほとんど何も知られていない。それらを熟知していることはフェイサルが密猟組織の中枢と密接に結びついていることの証左でもあったが、本人はそんなロジックには全く興味がなさそうだった。

「〈R〉とはどんな人物なのですか」と私は夢中になって質問を投げた。

「奴は絶対に捕まることがない」とフェイサルは苛つきながら私に言った。「完全に守られているからな」

「守られている？」と私は聞いた。「誰に？」

「決まっているだろう」とフェイサルは私に向かって吐き捨てるように言った。

「中国大使館《チャイニーズ・エンバシー》にだよ」

第四章　象牙女王

8

アフリカ東部タンザニアの港町ダルエスサラームは喧噪と混沌に満ちた街だった。路地裏を歩くと、ターメリックやクミンといったインド系のスパイスに加え、唐辛子やコリアンダーといった東南アジアの香りが漂う。物売り、乞食、苦力《クーリー》。罵声と嬌声が混じり合い、互いに溶解し合って、街が一つの生命体として鼓動している。その無秩序は数年前のカルカッタのようであり、数十年前の香港のようでもあった。

そんな東アフリカ最大の「華僑の街」を私とレオンが訪れたのは、ある一人の中国人女性に面会することが目的だった。

楊鳳蘭《ヤンフエングラン》、六六歳。

かつてタンザニア国内で象牙密輸を取り仕切り、「象牙女王」と呼ばれた中国ビジネス界の超大物だ。私とレオンは当時、象牙の密輸容疑でタンザニア警察に逮捕され、ダルエスサラームの刑務所に拘留されていた楊になんとか接触し、〈R〉に関する情報を聞き出せないかと考えたのである。

密猟組織の「キング・ピン」、フェイサル・モハメド・アリから聞き出したインタビューの内容は、ニュースとして取り扱うには極めて評価が難しい――率直に言えば、かなり危険度の高い――ものだった。象牙の密猟組織の中枢を担っている中国人が公的な中国大使館によって守られているといった証言は、中国政府が国家ぐるみで象牙の密猟に関与していることを示唆する極めて魅力的な「素材」に違いなかったが、現実的にそれらを「報道」という枠組みで使用する場合、かなり入念な裏付け作業が不可欠だった。一連の報道は日中の外交問題にもつながっていくため、生半可な裏付けでは記事化できない。しかし、冷静になって考えてみればみるほど、フェイサルの証言をどのようにして裏付けていけばいいのかについては皆目見当がつかなかった。中国大使館に取材を申し入れても、象牙密猟への国家的関与を認めることなどあり得なかったし、密猟組織の内部の人間でもない限り、その証言の信憑性を裏付けられる人物は存在し得ないように思われた。東京のデスクにも相談してみたが、「面白いけれど、どうやって裏を取るんだよ」という言葉で一蹴された。無理もない。中国政府の関与を証言しているのは他でもない、インターポールに国際手配され、現在獄中に拘留されている第一級の「犯罪者」なのだ。

一方で、世界に広く目を向けてみれば、中国政府の国家ぐるみによる違法象牙の密輸疑惑がこれまでに全く報じられていないわけではなかった。

二〇一四年一一月、ロンドンやワシントンに拠点を置く国際環境NGO「環境調査エージェンシー」（EIA）は報告書『バニシング・ポイント』を公表し、二人の違法象牙の販売人の証言を引用する形で中国政府の関与を次のように明らかにしている。

〈二〇一三年三月に中国の習近平国家主席がタンザニアを訪問した際、同行した閣僚や財界代表団らが象牙を大量に購入した。結果、象牙の価格が現地で一キロ七〇〇ドル（約七万円）へと倍増した〉

〈彼らは合計数トンの象牙を購入した後、外交封印袋に入れて習主席の専用機に詰め込み、中国へと送った〉

〈同様の象牙取引は胡錦濤前国家主席のアフリカ訪問時にも行われ、二〇〇六年以降は中国大使館職員が象牙の主要な購入者になっている〉

『バニシング・ポイント』は公表と同時に広く海外メディアに取り上げられ、世界中で中国政府に対する激しいバッシングが巻き起こった。中国政府は直後に「中国のイメージを故意に傷つけるものだ」と報告書の内容を全否定したが、ＥＩＡの代表者はこの中国政府の反応に対し、米誌ナショナルジオグラフィックのインタビューに答える形で、タンザニアにおける象牙密猟の現状を次のように語っていた。

環境保護団体「ＥＩＡ」代表のメアリー・ライス氏は、タンザニア政府がゾウの直面する問題にいまだ本気で取り組もうとしていないと指摘する。その問題とは、中国人率いる多国籍犯罪組織と政府役人との癒着と不正である（タンザニア外務大臣は、政府役人が象牙の密輸に関わっていることを否定している）。

ＥＩＡは、アフリカから中国などの国々（主にアジア）へ運ばれる違法象牙の流れを過去一〇年間にわたって調査している。英国ロンドンの事務所でインタビューに応じたライス氏は、タンザニア政府が長年にわたり、行動を起こすに十分な情報を得ていたにもかかわらず、何の手も打たなかったと語る。

――タンザニアのゾウがこれほど大量に殺されているという発表を聞いてどう思いますか？

「劇的な減少率です。今もなお深刻な状態が続いていることを物語っています。ただ、過去一〇年にわたってタンザニアで起こっている問題を認識し、調査し、記録してきた人々にとっては驚くことではありません」

――天然資源観光省は、「行方不明」となっている一万二〇〇〇頭のゾウに何が起こったのか「広範囲な調査を開始する」と発表しましたが、これについてはどう思いますか？

「（中略）ゾウたちが隣国へ移動したというのは、あまり理にかなった回答とはいえません。もちろん、国境を越えて移住する動物たちはいますが、これほどの規模でということはまずありません。政府は、深刻な問題であることは理解しているでしょう。現場で大規模な人力を投入しているものの、密猟は止まらないのです」

――密輸ルートの上層にいる人物の証拠を摑むのが難しいというのも、問題のひとつなのでしょうか？

「そうは思いません。問題の多くは、手順に従ってやるべきことをやっていないというところにあります。二〇〇七年に私たちは初めて問題を明らかにし、政府へ知らせました。密輸を取り仕切る個人を特定し、どこで活動し、何に関わっているかなどについて集めた情報を提供しました。当時の環境大臣とも会い、密輸に関わっている人々を撮影したビデオを見せました。彼らの会話や、その内容が示す人物——密輸ルートに関与しているあらゆる人々についてです」

——誰が関わっていましたか？

「例えば輸送業務に従事している人々、それに野生生物局の内部で働く組織上層部の人間もいます。大臣は、ビデオを見て明らかに危機感を抱いたようです。（中略）彼らは独立して活動しているのではありません。地元民からの協力がなければ、あのようなやり方が成功するはずがありません」

——地元の役人たちでしょうか？

「密輸ルートの全段階においてです。タクシーの運転手から役人、税関や空港職員、運輸会社にいたるまで。そして、ひそかに密輸品を運んだり隠したり、保管する人々がいます。いずれの段階もタンザニア人の手を経ています。ですから、中国だけの問題ではなく、両国の共同作業なのです」

〈二〇一五年六月、ナショナルジオグラフィック日本版電子版〉

私とレオンはフェイサルへのインタビューを終えた後、まずは〈R〉を知り得ているると思われるケニア在住の中国人への接触を探った。しかし、作業は予想以上に難航した。ケニアで暮らしている中国人はその多くが建設現場の近隣地域などに独自のコミュニティーを作って暮らしているため、英語や現地語を理解しない人が多く、コミュニケーション自体が成立しない。彼らは例外なく日本人や日本メディアに強い警戒心を抱いているため、取材と呼べる関係が成立するのは事実上不可能に近そうだった。

レオンが張り巡らせているマサイ民族のネットワークも、残念ながら今回はあまり役には立たなかった。一度だけ、「〈R〉のことをよく知っている」と話すケニア人の密猟関係者に会うことができたが、実際に話を聞いてみると「危なすぎて話せない」「証言したら見返りにカネをくれるのか」などと答えるだけで、彼が本当に〈R〉を知り得ているのか、あるいは他の密猟者と同じように噂を耳にした程度なのか、判断することが難しかった。いくつかの関係者の証言をつなぎ合わせてみると、〈R〉はフェイサルが指摘したように密猟組織の中心にいる人物のようではあったが、「現場」の密猟者や仲買人らのほとんどは〈R〉の存在を知り得ていないようにも思われた。

その中で〈R〉についての情報を最も知り得ている中国人女性がタンザニアにいる、と情報提供してくれた人物がいた。

エチオピアの首都アディスアベバで開かれた国際会議に出席していた関係者——インターポールの捜査官である。タンザニアで密輸の捜査を担当していた彼は「彼女なら間違いなく〈R〉を知っているだろう」と我々にその人物の中国名と担当弁護士の連絡先を教えてくれた。

それが「象牙女王」と呼ばれた楊鳳蘭だった。

インターポールの捜査官やタンザニア紙の報道によると、楊は北京出身で一九七〇年代にタンザニアに入国した後、スワヒリ語を学んで当時中国政府がタンザニアとザンビアの間で建設を進めていた鉄道事業の通訳として働いていた。一九七五年に鉄道が完成すると一度中国に帰国して政府の外国貿易部門に勤めたものの、二〇〇〇年前後に再びタンザニアへと舞い戻り、中華料理店や投資会社を設立。現地で巨万の富を築いた後、タンザニアにおける中国アフリカビジネス協議会の事務総長に就任していた。

そんな中国ビジネス界の超大物が裏で脈々と続けていた事業——それが象牙の密輸だった。

現地で暮らす中国人労働者たちの頂点に君臨しながら、タンザニア政府との太いパイプを使って現地人から大量に密猟象牙を買い漁り、祖国中国へと密輸する。そんな裏ビジネスを一〇年以上も続けた結果、二〇一五年九月、八六〇本（約七億円相当）の違法象牙を密輸したとする容疑を掛けられ、タンザニア警察に逮捕されたのだ。

楊なら間違いなく〈R〉を知っている――。

そう確信した私とレオンは、取材拠点のあるケニアの首都ナイロビから飛行機に乗ってタンザニアの最大都市ダルエスサラームへと向かったのである。

9

東アフリカの先進国として知られるタンザニアは、現地に特別なネットワークを持たない私とレオンにとっては非常に取材のしにくい国だった。

第一に――これは渡航前から予想されていたことではあったが――タンザニア政府はことアフリカゾウの密猟をめぐる問題については取材のすべてを完全に拒否し

続けていた。公式なコメントはおろか、国内におけるアフリカゾウの生息数といった簡単な統計データについても一切問い合わせに応じない。一連の対応は国際環境NGO「環境調査エージェンシー」（EIA）の報告書によってタンザニア政府高官の象牙密猟への関与が暴露されたことへの反発であるとみられていたが、タンザニア政府はそれ以前にも環境問題に端を発する外国メディアとの間にある種の確執を抱えていた。

その最大の火種となったのが、二〇〇四年に映画監督フーベルト・ザウパーによって公開されたドキュメンタリー映画『ダーウィンの悪夢』である。

米アカデミー賞の長編ドキュメンタリー賞にもノミネートされたこの作品では、東アフリカのビクトリア湖に繁殖する巨大魚ナイルパーチによって湖の生態系が破壊され、従来種が絶滅の危機に瀕している実態が告発されただけでなく、湖沿岸の住民たちはヨーロッパや日本などに良質な食料としてナイルパーチを輸出しているのに、自らは非衛生的な環境で残飯を食し、売春やエイズが蔓延する中で生き延びざるを得ないといったタンザニアの悲惨な現実が映像化され、世界的に大きな波紋を呼び起こしていた。

映画の内容が祖国のイメージダウンにつながることを懸念したタンザニア政府は

すぐさま「映画は事実に基づいていない」などと反論し、日本では駐日タンザニア大使が配給会社を直接訪れて抗議するなど各国で一時的にハレーションを引き起こしたが、いずれの抗議も——この種の抗議の結末が大抵そうであるように——最終的にはタンザニア政府の国内向けのアピールに留まる形で終息していた。

以来、業を煮やしたタンザニア政府はジャーナリストがカメラを持って入国する際には一人一〇〇〇ドル（約一〇万円）、一週間以内の取得には一人三〇〇〇ドル（約三〇万円）という嫌がらせに近い法外なビザ取得費用を課すことにより、事実上、海外メディアを国内から締め出す政策を続けているのが実情だった。

タンザニア政府が全く取材に応じないため、私とレオンは仕方なく、まずは楊がどのような人物だったのか、楊の周辺から地道に聞き取り調査を重ねていくことにした。

ところが、楊が経営していた中華料理店や出入りしていたという中華食材店にいくら足を運んでみても、従業員の中国人が英語をほとんど解せないだけでなく、私が日本人であることがわかるとすぐに店を追い出されてしまう。丸一日かけて楊の関係先を何軒か回ったが全く埒《らち》が明かないため、私とレオンは知人を通じて知り合った、地元の大手新聞社に勤務する敏腕女性記者（彼女は妊娠中でかつ臨月だった）の力を借りた上で、まずは現地で暮らすタンザニア人関係者から楊についての話を聞くことにした（一連の取材では、対象者が外国人記者である私の立ち会いを嫌ったため、やりとりをICレコーダーに録音してもらい、後日レオンに内容を英訳してもらった上で確認するという手法を用いた）。

女性記者が最初にアレンジしてくれたのは、タンザニア北部で楊と一緒に働いたことがあるという象牙の元密猟者だった。

「最初は食べるためだったんだ」と元密猟者は戸惑いながらも我々の取材に答えた。「ゾウを殺してその肉を家族で食べるためだった。当時は政府もそれを認めていたし、悪いことだと考える人間はいなかった。ところがある日突然、村に金持ちの男がやってきて『大きな象牙を持ってくれば、たくさんのカネをやる』と言われたんだ。一九九七年だった。湖のそばでゾウを殺してその男に象牙を売ったら、四〇万シリング（約二万円）もくれた。俺たちにとっては大金だ。それで四頭の牛を買った。以来、人生が変わってしまった」

元密猟者はインタビューの中で、楊とは別に「フィレモン」と呼ばれる中国人の存在を我々に明かした。

「最初にフィレモンと会ったのはタンザニア南部のセルース猟獣保護区だった。彼はタンザニアでは最もよく知られている中国人の売人で、相当な金持ちだ。彼に象牙を持っていけば、誰よりも高く買ってくれることで有名だった。その頃、俺たちは自分でゾウを密猟することはなくなり、モザンビークからやってくる他の密猟者から象牙やサイの角を買い取ってマージンを取った後、それをフィレモンに売っていた。二〇〇五年から二〇〇九年頃までだったと思う。ちょうどその頃、フィレモンが中国人の女を連れてきて、俺たちに紹介したんだ。彼女は当時、『マルキア』と名乗っていた。後に『象牙女王』として逮捕される楊鳳蘭だ。俺たちは五人でグループを作り、主にタンザニアの南部で彼女のために働くことになった。彼女は俺たちの衣食住の面倒を見てくれただけでなく、『仕事』で何か問題が起きた際にはすべての責任を持ってくれると約束してくれた。そして彼女は本当にその約束を守ってくれたんだ」

「楊はどんな人物でしたか?」

「彼女の関心は常に象牙で、サイの角にはほとんど興味を示さなかった。俺たちは象牙を買い付けるとまず安全な場所まで運んでそれらを隠し、マルキアとフィレモンの両方に電話を入れるんだ。彼らは警察や役人に連絡をしてすべてを整えた後、複数の『手下』を乗せて彼ら自身の車で回収しに来る。マルキアは……」

元密猟者はそこで少し言い淀んだ後、少々意外な告白をした。

「マルキアは……とても優しい人だった」と元密猟者は言った。「彼女は俺たちとスワヒリ語で話し、何より親切な女性だった。象牙の値段を値切るようなこともしない。そんな人物に俺は今まで会ったことがなかったんだよ。彼女が俺の人生をより豊かなものにしてくれたと言える。うん、今でも本当にそう思えるんだ」

元密猟者はしばらくの間沈黙した後、何かを決意したようにその実例を我々に示した。

「実は俺、何回か警察やレンジャーに逮捕されているんだ。仲間内に裏切り者が出て、密告されたんだと思う。警察は俺が売人の元締めであると自白させるために、何度もひどい拷問をしたよ。口で言えないほどの非人間的な拷問だ。でも、その度にマルキアが多額の賄賂を払って俺の身を救ってくれた。俺が最後にマルキアに会ったのは二〇一一年。俺はその年、警察に指名手配されてザンビアに逃げたんだ。信じられるかい？　マルキアはその後、俺の家族を代わりに養ってくれたんだ。俺は足がつかないよう周囲との連絡を絶っていたから、彼女はきっと俺が死んだと思ったのだと思う。彼女は、楊はつまりそういう人なんだ……」

女性記者が次にアレンジしてくれたのは、タンザニア政府の公認を得てダルエスサラームでハンティング会社を営んでいるという四八歳のタンザニア人経営者だった。二〇〇二年に政府発行のハンティングの免許を取得したという彼は、表向きではタンザニア政府に多額の援助を行っているカタールやUAEの企業の幹部などを国内におけるハンティングツアーに案内する一方、裏では象牙やサイの角の密猟ビジネスに手を染めていた、とその内容を特に隠し立てすることなく「過去形」で我々に語った。

「(多数の野生動物が見られる)ンゴロンゴロ自然保護区やセレンゲティ国立公園の周辺で仕事をするようになってから、何人もの人間が俺にアプローチしてきたよ。俺は現場をよく知っているし、相当強力な銃を持っているからね。誰もが象牙を欲しがっていた。最も多く取引したのは中国人のVIPだ。彼らは絶対にトラブルにならない。彼らはアフリカ人のように騙したりしないし、いつも非常に高い金で象牙を買ってくれていた」

「象牙女王を知っていますか?」

「もちろんだ」と会社経営者は言い、やはり楊をマルキアと呼んだ。「マルキアはフィレモンと同様、俺が最もつるんだ中国人だ。彼女はタンザニアにおける中国人ビジネス界のトップとして君臨していた。彼女は実に多くのタンザニア政府の要人を知っていた。彼女がなぜ逮捕されたのか、今でも不思議なくらいだよ。あるいはアメリカやイギリスがタンザニア政府に何らかの圧力を掛けたのかもしれない。俺も逮捕された経験があるが、法廷には連れ出されなかった。ご存じの通り、タンザニアでも警察や検察は簡単に買収できるからね」

「タンザニアの中国大使館は楊が何をしていたかを知っていたと思いますか」

「もちろん、全員、知っていたさ」と会社経営者は笑いながら質問に答えた。「彼女はタンザニアの中国アフリカビジネス協議会の事務総長だったし、彼女はセロース・サファリキャンプやマニャラ地区の自然保護区から密猟象牙を運び出す時、いつも中国大使館の車を使っていたんだ。嘘じゃない。タンザニアでは本当にそういうことが起こるんだ」

「タンザニア政府や中国大使館が『犯罪』に関与していた、と」

「ああ、その通りだ」と会社経営者は言った。「密猟は政府の法律書の中で『違法』なだけで、実際には政府も市民もそれとは関係なく密猟を続けている。俺は少なくともタンザニアに大きなビルを五つ持っている。カネもコネも不動産もある。

それらはすべて象牙ビジネスで得たものだ。本当は牢屋に入っていなければいけないのかもしれないが、俺は十分に賄賂を贈った。アフリカゾウを殺す貧しい人たちは、なぜそれを中国人が欲しがるのか、理解すらしていないんだよ。事実、自然保護区の状況を察する限り、タンザニア国内の『資源』はあと数年で枯渇するだろう。タンザニア政府は今も裏では密猟を容認しているし、中国はもうコントロールが利かない。アフリカゾウはもう絶滅するしかないんだよ」

女性記者が最後に紹介してくれたのは、象牙女王の密猟捜査に携わったという元警察官だった。四一歳の彼はすでに警察官の仕事を辞し、インタビュー時は地元ラジオ局のパーソナリティーとして活躍していた。

「僕が警察官になったのは一九九四年だった」とパーソナリティーは元警察官として当時の記憶を振り返った。「九カ月間訓練を受けた後、タンザニアとケニアの国境付近でケニアから侵入してくる密猟者たちの捜査を行う特殊班に組み込まれたんだ。僕たちはたくさんの密猟者を逮捕し、警察本部へと送った。でも、どんなに現場が密猟者を逮捕して送っても、本部に身柄を送った瞬間に、彼らはすぐに釈放されてしまうんだ。一度など、キリマンジャロ山の近くで同僚が逃走しようとした密猟者を追いかけたところ、逆に銃で撃たれて殺されてしまった。その時は別の同僚がその密猟者を捕らえ、所持していた象牙を奪い返したのだけれど、その同僚は直後、警察を解雇されただけでなく、逆に逮捕されてその後収監までされてしまったんだ。僕はその一件以来、もう警察組織が信じられなくなってしまって、辞めることを考え始めた。それで一九九五年から二〇〇五年まで約一〇年間、警察官として働いた後、友人に誘われる形でジャーナリズムの世界に飛び込んだんだ」

「象牙女王を知ったのはいつですか？」

「二〇〇五年の最初の頃だ」と彼は答えた。「ケニア国境のナマンガ検問所で、密猟したばかりの象牙と二つのサイの角を運んでいたピックアップトラックを発見し、入国管理局に連絡した。僕らはトラックに乗っていた男二人を拘束し、アルーシャの本部にいる上司からの指示を待っていたんだ。午後六時頃だったと思う。警察本部に呼ばれて行くと、部屋には二人の男と一人の女がいた。全員中国人だった。女性は『マルキア』と呼ばれる中国ビジネス界の実力者なのだと後で知らされた。そう、今では『象牙女王』と呼ばれる楊だ。その楊が最初に『象牙を見つけ、身柄を押さえたのはあなたですか』と僕に向かって聞いたんだ。僕が『そうです』と答えると、楊は突然怒り出して『私のビジネスの邪魔をするなら、あなたをクビにしますよ』と怒鳴りつけてきたんだ。僕はわけがわからなかったが、その後、上司がやってきて、僕らに男二人を釈放し、車ごと国境を通過させるように命令したんだ。彼らはケニア側の通行許可証を持っていなかったが、チェックなしに通り過ぎていった。僕は今でもあの時、なぜ中国人たちを撃ち殺しておかなかったんだろうと後悔している。それで僕は警察が心底嫌になって、しばらくして警察官を辞めたんだ」

「次に象牙女王と会ったのはいつですか」

「二〇〇九年だ」とパーソナリティーは淀みなく答えた。「ラジオ局の調査報道で彼女を狙ったんだ。僕の警察時代の元同僚の助けを借りてね。タンザニア政府が何もやらなかったから、ジャーナリズムの力で彼女の『犯罪』を明らかにしようと思ったんだ。とても慎重に取材を進めたよ。もし僕らが動いていることが知られたら、彼女は僕たちに危害を加えてくるかもしれないと思ったからね。彼女はタンザニアで働く中国人たちのいわば代表者的な存在だった。今では多くの関係者が象牙の密猟はタンザニア政府と中国政府の共同行為で、それを仕切っていたのが彼女だったと証言している。でも、当時の僕らじゃ彼女を追い詰めることなんてできなかった。だから今、僕は『象牙女王』が逮捕されて本当に嬉しく思っているよ。彼女のビジネスのお陰で、タンザニア政府の中で『正しいこと』をしようとした人たちがたくさん被害を被ったからね」

「楊は収監されると思いますか」と女性記者が最後に聞いた。

「わからない」とパーソナリティーは残念そうに言った。「そうなるといいけれど……。タンザニア政府は今や『中国』の一部に組み込まれている。中国の存在なしにはもう生きていけないんだ。すでに多額の賄賂がタンザニア政府の中にばらまかれているみたいだし、象牙の密猟をめぐる両政府のつながりが表に出てくるようなことはないように思える。彼女のお陰で、正直な警察官や官庁の役人たちがその職を追われた。残念ながら、タンザニアは今、そういう国になってしまったんだよ」

10

レオンがダルエスサラーム地方裁判所の事務員から楊の事件を審議する裁判官と検察官の打ち合わせ期日の日程を聞き込んできたのは、我々がタンザニアを離れるわずか二日前のことだった。その打ち合わせが何時から始まるのか、どの部屋で行われるのか、はたまたその場に楊本人が現れるのかなどについては一切不明だったが、地元新聞社に勤務する女性記者の力を借りても楊への接触の糸口が全く摑めないでいた私とレオンは、その残された最後のチャンスに望みを託すことにした。

午前八時。ダルエスサラームの地方裁判所の正門が開くと、私とレオンは裁判所内で最も見通しが利く、中庭に面した中央階段の三階部分に座り込み、敷地内で東洋人らしき人物の動きがないか全神経を張り巡らせた。楊はスワヒリ語が堪能なので、中国人の通訳を連れてくる可能性は低い。一方で、楊の事件は対中国政府との政治案件になっているため、事件の打ち合わせには中国大使館の人間が同席するのではないかという推測が私にはあった。黒人しかいない裁判所内で複数の中国人が同時に動けば、確実に目立つ。

しかし、炎天下で数時間周囲に視線を凝らし続けても、それらしき集団の動きを見つけることはできなかった。赤道直下の日差しが頭上からジリジリと降り注ぎ、猛烈に暑い。その不快な空間に長時間晒されながら、私は待つことを決めた自分の判断にではなく、「本当に今日、楊の事件の打ち合わせがあるんだろうな」と理不尽にもレオンが取ってきた情報の方に不信の苛立ちをぶつけたりした。

そんな私の視線に居心地の悪さを感じたのだろう。レオンが急に「裁判官をあたろう」と言い出したのは太陽が南天に差し掛かろうとしていた午前一一時頃だった。巨大都市を管轄しているダルエスサラームの裁判所には法廷や審議室が二〇〇近くあり、どの部屋で打ち合わせが行われるのかを絞り込めなければ、楊に接触できる可能性は限りなく低い。

レオンは単独で裁判官室に潜り込み、果敢に説得工作を続けていたが、結局、誰が楊の事件を担当しているのか、どこで打ち合わせが持たれるのか、具体的なことは何一つ聞き出せなかった。

我々はただひたすらに待つしかなかった。

昼を回るとダルエスサラームの気温は四〇度を超え、インド洋の湿った海風が空気を通常の何倍にも重く感じさせた。私は出張中は昼食を取らない。レオンに頼んでペットボトル入りの水を二本購入してきてもらい、一本を一気に飲み干し、残りの一本を頭から振りかけようとしたそのタイミングだった。

中庭から続く正面左奥の非常階段を、スカーフで頭髪を隠した女性が一人、刑務官に守られて昇っていくのが見えた。赤とピンクに彩られた艶やかなスカーフの美しさが私の視線を捉えた。

すると次の瞬間、中庭を駆け抜けてきた一陣の風がスカーフをふわりと舞い上げ、褐色ではない、女性の白い素顔が一瞬だけ露わになった。

楊だ――。

私は小さくレオンに叫んだ。同時に地面に降ろしていた一眼レフ入りのザックを背負い、楊が階段を昇り始めている二階部分へと先回りするため、中央階段を一気に駆け降りた。

楊は二階部分に達するとなぜかスカーフを取り（彼女にとってのそれは日差しを避けるための帽子代わりだったのかもしれない）、運良く我々が待機していた中央階段の方へと刑務官に囲まれながら歩いてきた。

楊はこちらの動きには全く気付いていないようだった。

私は中央階段の柱の陰に身を隠し、楊が角を曲がってこちらに向かって廊下を歩いてくるのを息を潜めて待ち続けた。レオンは私の数メートル背後に控え、不測の事態に備えて周囲の状況を窺っている。

私はザックの中に右手を伸ばし、一眼レフをつかんで電源を入れた。

楊が角を曲がり、裁判所の廊下で私と一瞬向き合うような形になったとき、私は日本刀の居合抜きのようにザックの中から一眼レフを抜き出し、ファインダーを覗かずに数回シャッターを切った。

楊は突然廊下に現れた東洋人記者に一瞬驚いたような表情を見せたが、次の瞬間、写真を撮られたことに気付いたのか、我々が予想もし得なかった行動に出た。

彼女はその場で一旦立ち止まると、胸元のシャツのボタンを留め直し、慌てて身繕いをし始めたのである。

アフリカではあまり見られない、東洋人の女性らしい仕種だった。その「潔癖さ」の向こう側に、私は遠く日本で暮らしている母親の姿を見たような気がして、一瞬、胸を突かれた。

故郷から遠く離れたアフリカの地で「象牙女王」と呼ばれた中国人の女。それは紛れもなく、アジア人特有の感性を持つ、私と同じ肌の色をした東洋人の女性だった。

私は一眼レフを再びザックに押し込むと、当局にデータを没収されないように片手でカメラの記録媒体を抜き取り、ザックの奥の隠しポケットに押し込んでから、意を決して楊へと歩み寄った。

「南アフリカで記者をしている者です」

私は日本人記者であることを隠して楊に英語で呼び掛けた。警護していた女性刑務官が異変に気付き、中庭で待機していた男性警備員を大声で呼んだ。

楊は私を完全に無視して廊下を早足で歩き始めた。

私は必死に食い下がろうとした。

「ほんの少しで結構です。お話を聞かせて頂けませんか」

遠くで笛のようなものが吹かれ、数人の警備員たちが私の背後に迫ってきているのがわかった。レオンが十数メートル後方で駆け付けてくる警備員たちを体を使ってブロックしている。

楊は構わず直進を続けた。木製の扉が内側から開かれ、女性刑務官に守られて楊が部屋の中へと入ろうとした瞬間、私は最後に一言、彼女に向かって叫ぶように言った。

「〈R〉についてお伺いしたいのです」

すると、楊は一瞬、部屋の中から私の方を振り向いたのだ。明らかに動揺した、それでいて不審や疑問を隠せない、困惑したような表情だった。

「〈R〉です。〈R〉について教えてください」

私はそう何度か叫んだが、楊が再び振り返ることはなく、扉は内側から閉められてしまった。

取材後記：「象牙女王」と呼ばれた楊鳳蘭とその共犯者二人に対し、タンザニアのダルエスサラーム地方裁判所は二〇一九年二月、禁錮一五年の実刑判決を言い渡した。楊らはタンザニアの自然保護法に違反した罪にも問われ、密輸象牙の二倍にあたる一二九〇万ドル（一二億九〇〇〇万円）の罰金も命じられたが、判決を不服として控訴した。

第五章　訪ねてきた男

11

タンザニアの最大都市ダルエスサラームで「象牙女王」の取材を終えた後、私は南アフリカで暮らす妻と娘を誘ってボツワナ北部にあるチョベ国立公園へ二泊三日の小旅行に出掛けた。取材を兼ねた出張ではなく、就学期を迎えた二人の娘に動物園の檻に囲われた見せ物ではない、大自然の中で生きるゾウ本来の雄大な姿を見せておきたいと考えたのだ。

約一万平方キロの敷地面積を誇るチョベ国立公園は、アフリカで最も多くのゾウを見ることができる「ゾウの楽園」として欧米からの観光客に人気のスポットだった。ゾウの生息数は約五万頭。地球上で暮らす約一〇分の一の数のゾウがこのエリアに集まっている計算になり、特に乾期にはゾウが水を求めてチョベ川沿いに集まってくるため、観光客らは川に——と言っても、水の流れが極めて穏やかな湖面のような川面に——ボートを浮かべて、水の上からゾウや野生動物を観察することができるのである。

私は象牙の密猟問題に取り組み始めて以来、紛争や飢餓の取材でアフリカ各地を訪れる際にはできるだけその国の自然保護区などを訪れ、野生のゾウたちと率直に向き合う時間を作るよう心掛けてきた。取材拠点を置いているケニアや南アフリカはもちろん、ウガンダやコンゴ、ボツワナやナミビアの生息地にも積極的に足を運んで現地のサファリツアーに参加したり、レンジャーのパトロールに同行したりして、象牙をめぐる問題を知識としてではなく自らの体験として感じられるよう努力していた。

しかし、私が家族と共に訪れたチョベ国立公園で目にした光景は、それまで訪れたどの国でも経験したことのない、極めて神秘的なものだった。

私はそこで初めてゾウが川を泳いで渡るのを見た。

体重が数トンにも達するゾウは、その体の大きさにより水中では巨大な浮力を獲得する。その上昇力を最大限に利用して身体をポカリと水の中に浮かせた後、四つの足をまるで犬かきのように前後に蹴り上げるようにして、ゾウは水の中を泳ぐのである。

ガイドによると、ゾウが泳ぐのは特にチョベに限られたことではなく、スリランカでは島から島へと泳いで海を渡る野生のゾウも確認されているという。

それは私や私の家族にとって、世界はまだ自分たちが知らない神秘で埋め尽くされているのだということを、神様が目の前で教示してくれているような出来事だった。

日が高く昇っている間は肉食獣の襲来を避けるため、ゾウは川の中州で水草をはんでいる。それがやがて日が傾きだし、夕日が辺り一面をオレンジ色に染め出す頃になると、ゾウたちは川の向こうにある森のねぐらへと戻るため、小さな子ゾウを間に挟み、まるで小学校の集団下校のように一列になってゆっくりと川を泳ぐのである。

最初に川に入ったのは、長くて立派な牙を持った雌ゾウだった。

十数頭の群れを率いているらしきその雌ゾウは数分間、川辺に佇んで周囲にワニなどの敵が潜んでいないかを確認した後、最初に前脚の足先だけを川面につけた。そして膝、腹、顎の順番でゆっくりと身体を川に浸すと、突然、ザブンと大きな水しぶきを上げてその巨体を丸ごと水中に沈めたのだ。

ところが波立つ水面をよく見てみると、ゾウは長い鼻の鼻先だけをまるで潜水艦の潜望鏡のようにぴょっこりと水上にのぞかせている。雌ゾウは身体全体を水面の下に沈めながらも、忍者の「水遁の術」のように鼻先だけを水上へとつきだして、器用に呼吸を続けているらしかった。水面下ではゆっくりと四肢を動かす巨大な影が揺れている。

先頭の雌ゾウが川を泳ぎ始めたのを確認すると、次に中型の雌ゾウが、その次にはまだ牙の生えていない子ゾウが順々に、中州から川の中へと身を沈め始めた。身体の下半分が水に浸かると、ひものついた操り人形のように長い鼻先をクイと持ち上げ、一気にザブンと水中に飛び込む。その度に川面が大きく波打ち、周囲の光を乱反射させる。

水面に突き出た鼻先だけの奇妙な一群は、対岸に向かってゆっくりと進んだ。夕日を反射させてキラキラと万華鏡のように輝く水面は潜望鏡の艦隊によって切り裂かれ、その煌《きら》めきにまだらを作った。私はゾウの光景に目を奪われている二人の娘を自らの胸に抱きしめた。ゾウは川幅五〇メートルほどのチョベ川を渡りきると、川辺で面倒臭そうに大きな耳を二、三度羽ばたかせてから、寝床のある暗い森の奥へと分け入っていった。

「ゾウは人間に似ています」と帰り道、乗り込んだ観光ボートのベテランガイドが娘たちに教えてくれた。「頭が良く、お互いによく話をします。怒ったり、笑ったり、悲しんだりもします。特に赤ちゃんは甘えん坊です。一〇歳ぐらいまでお母さんゾウのもとを離れません。みんなはお母さんが好きですか？」

「大好き！」と七歳の長女が嬉しそうに叫んだ。

「ゾウの赤ちゃんもお母さんゾウが大好きです」とベテランガイドは笑顔で続けた。

「ゾウの赤ちゃんは生まれるまでに二二カ月もお母さんゾウのお腹の中にいるんです。一〇年に一頭か二頭しか生まれないから、お母さんゾウは子ゾウをとても大切にします。その関係が生涯ずっと続くんです。ゾウは自然の中で生きていると六〇歳から七〇歳くらいまで生きます。お婆さんゾウは水のある場所とかエサのある場所をよく知っているから、たとえ子どもを産めなくなっても、群れのみんなから尊敬されて過ごします。そしてウンチ……」

「ウンチ！」と今度は四歳の次女が大声を上げた。

「そう、ウンチ。ここではゾウのウンチがとても重要な役割を果たしているんです」とベテランガイドはほほ笑みながら説明を続けた。「ゾウは毎日一〇〇種類以上もの草花を食べます。水草や雑草、木の皮をはいで食べたりもします。でも残念なことに、ゾウは胃や腸がそれほど丈夫ではないんです。だから、食べた植物が完全に消化されないままウンチになって外に出てくる。その中にはたくさんの木や草花の種が含まれていて、季節になるとゾウのウンチの中から発芽するんです。たくさんの草花がウンチの中から芽を出して、やがてウンチの栄養を吸収して大きくなる。ゾウはたくさん木や草を食べて森を破壊しているように見えるけれど、実はウンチと共に草木の種を遠くへと運んで、森や草原を広げている。ゾウはこの大きな自然を守っているんです」

ベテランガイドの心温まるエピソードを聞きながら、私はなぜかその時、アフリカゾウを取り巻く負の現実についても、この機会に娘たちにしっかりと話をしておかなければならないな、という気持ちになった。人間とゾウは共生できるのか——。そんな現実的で大きな問いを、学校で誰かに教えてもらうのではなく、今、無数のゾウを目にしているこの空間の中で、自分の頭でしっかりと考えてほしいと思ったのだ。

「ちょっと難しいかもしれないけれど」と私はしっかりと前置きをしてから自分の言葉で娘たちに語り掛けた。「東アフリカにはね、アフリカで一番高い『キリマンジャロ』と呼ばれる山があって、その麓には野生のゾウがたくさん暮らしている『アンボセリ』という名の有名な国立公園があるんだ。パパは昔、そこにゾウの取材に行った時、近くの村で『ゾウを殺したい、仕返しをしてやりたい』という大人たちにたくさん出会ったんだ」

「どうして?」と長女が不思議そうに尋ねた。

「そこではね、毎年多くの住民が野生のゾウに殺されているんだ」と私はなるべく噛み砕いて現実を説明した。「国立公園の入り口近くにある集落に行くと、真っ赤な布に身を包んだマサイ民族の男の人が『俺はゾウにお母さんを殺された』ってパパに言うんだ。聞くとね、その男の人のお母さんはその前の年、近隣の村で開かれた成人式の帰り道に一〇歳の孫と一緒に茂みを通り抜けようとしたところ、茂みの中で野生のゾウに遭遇しちゃったらしいんだ。孫は逃げて助かったけれど、高齢のお母さんは逃げ切れなくて、ゾウの腹の下へと押し込まれ、何度も踏まれて死んでしまった」

二人の娘が急に悲しそうな表情に変わった。

「近くの幼稚園ではね、数カ月前にゾウの被害を受けたという三二歳の女の先生がパパに傷だらけの脚を見せてくれた。近くの学校で開かれていた勉強会に行こうと朝早く、国立公園の三〇〇メートル手前の草原を歩いていると、道の反対側に大きな雄ゾウの姿が見えたらしいんだ。そのゾウを避けようと反対側の茂みに入った瞬間、その茂みの中に潜んでいた別のゾウと偶然遭遇しちゃったんだ。その女の先生は突然大きな牙で体を突き上げられて、地面に転がったところを何度も古木のような脚で踏みつけられた。でも偶然、先生の体に巻き付けていた布状の服が身体から脱げて、ゾウがその衣服を目掛けて脚を踏み下ろし続けたため、先生はゾウの腹の下から這い出ることができて、辛うじて命が助かったらしいんだ。大けがを負った先生はね、パパの取材に『ゾウは野生動物を保護する法律で守られているけれど、私たち住民は守られていない。ゾウの数を減らすことに、私は反対しない』って言った。その話を聞いたとき、パパはとても悲しくなったんだ」

「どうして？」と今度は次女があどけなく私に聞いた。

「ゾウと人間はやっぱり一緒に暮らせないのかな、と思ったからさ」と私はそれまでの取材で感じていたことをできるだけ正直に娘たちに伝えた。「悪いのはゾウじゃない。きっと人間の方なんだよ。よく見てごらん。ケニアやボツワナの国立公園には日本やアメリカなどの動物園と違ってどこにも柵やフェンスが張られていないだろう。ゾウと人間は明確には区切られていないから、どちらも行き来が可能なんだよ。それでも昔はそれほど大きな問題は起きなかった。ちゃんと棲み分けができていたからね。例えばケニアでは昔、人間は西部の一部の肥沃な場所だけに住んでいて、ゾウは残りの九割を占めるサバンナや砂漠を自由に移動することができていたんだ。でも、イギリスから独立した後、当時約八五〇万人いたケニアの人口は今、わずか半世紀で五倍以上の約四六〇〇万人にまで膨れあがってしまった。数が増えすぎてしまった人間たちは今、新しい農地や宅地を開拓したり、道路や鉄道を敷いたりして、ゾウたちの生息エリアを急速に狭めてしまっている。結果、人間とゾウが接触する機会が急激に増えてしまったんだ。そしてそれはもちろん、ケニアに限った問題じゃない。六〇年前には二億人だったアフリカの人口は今、一一億人にまで膨らんでいる。四〇年後には約二〇億人になり、一〇〇年後には約四〇億人へとこれからもどんどん増え続けていくんだ。これ以上、畑や道路を作るためにサバンナや湿地が開発されれば、生きていくために広大な土地が必要なアフリカゾウは生きていけない。ゾウだけじゃない。ヒョウやサイやライオンだってみんな同じだ。この小さな惑星で人間が動物たちと一緒に生きていこうと願うなら、人間は豊かさの一部を諦め、その限られた土地や資源を互いに分かち合って生きていくしか方法はないんだよ。でも、それがなぜか人間はできない。同じ人間同士だって、いつもどこかで戦争をして、命や資源を奪い合ってる。ゾウを絶滅に追い込んでいるのは他でもない、わがままで自分のことしか考えられない、僕ら人間の仕業なんだよ」

夕日が完全に地平線の下へと沈み、緞帳のような夕闇が森や川面を支配し始めていた。モーターボートのエンジン音だけが単調に響く暗がりのなかで、長女が悲しげに「アフリカゾウは絶滅しちゃうの？」と私に聞いた。
「それは誰にもわからない」と私が答えると、次女が「イト（次女の名前）はゾウが好きだな」とぽつりと言った。

12

ボツワナ北部・チョベ国立公園での家族旅行を終えた後、私とレオンは改めて〈R〉への追跡取材を本格化させた。〈R〉への直接インタビューを最終目標に据え、できる限り〈R〉に関する情報を集めようとした。

最初に向かったのはケニア西部のビクトリア湖畔の町キスムだった。「キング・ピン」と呼ばれたフェイサル・モハメド・アリにインタビューした際、彼が明かした〈R〉の居住地や会社の所在地がキスムにあったからである。レオンはフェイサルが語った〈R〉の車の車種やその登録ナンバーをしっかりとメモに書き留めていた。

しかし、実際にキスムを訪れてみると、フェイサルが指摘した〈R〉の会社は一応登記こそなされていたものの、実際の住所にはオフィスや店舗は存在しておらず、ネット上にアップされていたとみられるホームページもすでに削除されていて、実態は全くといっていいほどつかめなかった。車については運輸当局でさえ確認ができない。結局、フェイサルが〈R〉について真実を述べていたのか、あるいは我々に嘘をついていたのか、その確証さえも得られなかった。

結果的に手詰まりになってしまった私とレオンは再度、モンバサの刑務所に拘留されているフェイサルに直接取材ができないか検討を重ねた。レオンにお願いして再びナイロビからモンバサに通ってもらい、担当弁護士や刑務所関係者と交渉してもらったところ、我々は奇跡的にもう一度、「レオンが担当弁護人の付添人として面会に同席する」といった形でフェイサルに接触できるチャンスをつかんだ。

私はレオンに質問をなるべく〈R〉に絞った上で、できるだけ長くインタビューを実施するようお願いし、その日は所属新聞社のナイロビ支局で彼からの報告を待った。

夕方、レオンからは次のようなインタビューメモが送られてきた。

――〈R〉と初めて知り合ったのはいつですか

「今から約一〇年前、二〇〇七年か二〇〇八年の頃だ。モンバサの市場で当時取引のあったアラブ人から紹介された。俺はその頃、輸出のビジネスをやっていて、そのアラブ人に俺の倉庫を貸していた」

――〈R〉はその時どんな仕事をしていたのですか

「〈R〉はケニアにおける中国人たちの『支配者』のような存在だった。（ケニア西部の）キスムに〇〇〇カンパニーと呼ばれる会社を持っており、中国大使館が現地で調達する資材や海外から輸入する製品などの仕入れを一手に引き受けていた」

――〈R〉は象牙の密輸に関わっていたのですか

「それは秘密でも何でもない。〈R〉は象牙の密輸の仕切り役だ」

――〈R〉は今どこにいるのですか

「ナイロビか、あるいはキスムにいるはずだ。〈R〉は俺が外に出てくることを心配している。俺が話せば、奴がどうなるのか、十分わかっているからだろう」

――〈R〉の容姿を教えてください

「お前と同じぐらいの背丈（レオンは身長約一七八センチ）で、頭が大きい。

ただ、もし〈R〉に接触しようと考えているなら、相当気をつけた方がいい。〈R〉は『何でもやる』男だ。これまでも敵対する男のカバンに薬物を忍ばせ、何度も当局に逮捕させてきた。〈R〉に刃向かう奴は必ず警察に逮捕され、刑務所に送られる」

——〈R〉は中国大使館の人間なのですか、それとも大使館とつながりを持った人物なのですか

「〈R〉が中国大使館の人間かどうか、俺には言えないな。ただ、奴は中国大使館に守られている。これは事実だ。俺は今、裁判に掛けられている。ケニア政府も〈R〉もみんなこの裁判の結末を注視している。この事件は『鎖』だ。俺はあくまでも『生《い》け贄《にえ》の羊』で、その鎖の先には〈R〉がいる。〈R〉は今も相当な権力を持っている。奴がモンバサ港から象牙のような違法製品を海外へと送る際、税関の職員はほとんど検査をすることなくそれらを通過させているんだ。これは嘘でも何でもない、誰もが知っている周知の事実だ。〈R〉は中国大使館だけでなく、ケニア政府にも相当太いコネクションを持っている。俺はあるいは、〈R〉はその双方の『情報提供者』なのではないかとも考えている」

残念ながら、レオンから送られてきたインタビューメモには〈R〉が中国大使館と密接につながっているという決定的な秘密の暴露も、〈R〉の特定につながりそうな新たな事実も含まれていなかった。フェイサルがどこまで本当のことを述べているのかについては依然わからないままだったし、その真偽を判断するだけの手がかりも我々はもはや持ち合わせていなかった。

その後もレオンの人脈を駆使して〈R〉と取引したことがあるという元密猟者やブローカーなどにあたってはみたが、結局すべてが徒労に終わった。事情を知り得ていそうな中国人コミュニティーへのパイプは依然閉ざされたままであり、我々はしばらくの間、取材を停滞させて事の成り行きを見守るしか方法がなくなってしまった。

そんなある日のことだった。

レオンが唐突に「話を聞いてほしい関係者がいる」と私の所に話を持ち込んできた。私は快諾し、いつものように情報が外部に漏れないよう、所属新聞社のナイロビ支局内にその男性を招いて、レオンと二人で話を聞くことにした。

支局に現れたその男性は、ナイロビの街中であればどこででも見掛けそうな中産階層のケニア人だった。年齢は四五歳。質素なワイシャツに身を包み、安価な中国製の腕時計を骨張った左手にはめていた。田舎の密猟者のように寡黙でもなければ、政治家のように饒舌《じょうぜつ》でもない。どこかの地方公務員のような、不器用そうな雰囲気をまとった男性だった。彼は私に実名を告げ、年齢や連絡先の電話番号も隠さずに伝えた。

ところが、その男性がインタビューの中でかつて担ったという「業務」についての話をし始めたとき、私は驚きのあまりその場でひっくり返りそうになってしまった。

男性はその時、私の目の前で「自分はかつて在ナイロビの中国大使館で象牙の密輸に携わったことがある」と告白し始めたのだ。

男性はそれを第三者から聞いた伝聞ではなく、自らが直接関わったと実体験として自白していた。彼は実名で取材に応じており、我々はその正しさを身分証明書で確認もしていた。

「状況を詳しく教えて頂けますか」と私はまずは心を落ち着けて、その証言に含まれる客観的事実をできるだけ多く聞き出そうとした。

「私が中国大使館で密猟象牙の『輸送』に携わったのは今から数年前のことでし

た」と男性は深く頷いてゆっくりと話し始めた。「最初は中国大使館ではなく、中国大使館が所有する旅行会社で働いていたんです。ナイロビにある〇〇〇という名前の旅行会社で、今は違いますが、当時は中国大使館によって運営されていました。私の親族の一人がそこで働くよう薦めてくれ、私はそこで約二年間働きました」

「その旅行会社でどんな仕事をしていたのですか」と私は尋ねた。

「私は車のドライバーでした」と男性は言った。「中国大使館からの要請を受けて中国人の要人や客人をナイロビ空港からホテルに送迎したり、大使館での会議の後、ケニア国内のサファリリゾートなどに連れて行ったりする仕事でした。私は車の運転が得意でしたし、子どもの頃から野生動物が大好きだったので、それらはとても楽しい仕事でした。ある日――といっても数年前ですが――私は中国大使館からある『荷物』を受け取って、それをナイロビ空港に運ぶよう命じられました」

「それが象牙だった……」と私はだいぶ前のめりになって男性に尋ねた。

「いえ、中に何が詰め込まれているのかは、その時はまだわかりませんでした」と男性は当時の事実関係の流れを正確に伝えた。「それを知らされたのは翌日のことです。前日に中身の梱包に携わった同僚が『あれは密猟象牙だよ』と私に教えてくれたんです。私は嫌だなと思いましたが、すでに運んでしまった後でしたし、どうすることもできませんでした。同僚には『絶対に言うなよ』と口止めをされたので、私は誰にも言いませんでした。その時はそれだけで終わりました」

　男性は私の質問に応じる形で必要最小限の事実だけをぽつりぽつりとインタビューに語った。おしゃべり好きなケニア人には珍しく、極めて控えめな話し方をする人物だった。

「私が象牙の仕事に再び関わったのは、中国の副首相が（ナイロビ近郊の）ナイバシャに来た時でした」と男性は続けた。「私はその日、『大きな箱』を運ぶためのトラックを準備するよう大使館に指示されました。そして、実際にトラックで大使館に駆けつけた時、大使館の中のロビーのようなところで中国人の男たち（残念ながら男性は彼らが大使館員であるかどうかは確認していない）がたくさんの象牙をその『大きな箱』に詰め込んでいるのをこの目で見たのです。間違いなく象牙でした。そして彼らが荷作りを終えた後、私はその『大きな箱』をトラックに積んでナイロビのジョモ・ケニヤッタ国際空港まで運送するよう命じられたのです。初めて経験する、異様な輸送でした。私のトラックは前後をケニア警察の合計四台のパトカーに守られ、私は赤信号で止まったり、空港の入り口で一度もチェックされたりすることもなく、そのまま滑走路へと入り、中国政府の代表団を乗せてきた専用機に直接、その『大きな箱』を積み込んだのです。もちろん、税関の検査も警察のチェックもありません。私は専用機が離陸するまで滑走路の横で待機するよう命じられました。そしてその後、『口止め料』として会社から二万シリング（約二万円）を受け取りました」

「どれくらいの象牙がその箱に詰め込まれていたか、覚えていますか」と私は聞いた。

「七〇〇キロ以上です」と男性は具体的な数字を挙げて私の質問に答えた。「それがそのトラックが積載できる上限だったからです。でも、実際はもっと積み込まれていたかもしれません。大使館から車を出すとき、軽いギアでは車が動かなかったので、私はギアをローに入れてようやく発進させることができたのです」

男性はそこまで言うと、わずかに表情を陰らせてしばらくの間沈黙した。

私はインタビューを前に転がすため、「その他にも象牙の密輸に携わったことはありますか」と彼の証言をできるだけ広げる方向で質問を続けた。

「はい。一度だけありました」と男性は私の質問に短く答えた。「それから少したって、同じ旅行会社でサファリツアーへの送迎の仕事をしているとき、中国政府の要人を案内していた中国人から『彼らは今、一〇〇〇万シリング（約一〇〇〇万円）持っている。適当な象牙を見つけてやってくれないか』と頼まれました。私は『嫌だな』と思いました。私は象牙の密猟が違法だということを知っていましたし、このままこの仕事に関わっているといつかは逮捕されてしまうのではないか、とそんな不安を強く抱いていたからです。私には家族がいましたし……、なのでそれ以来、私は怖くなってその旅行会社を辞めたんです。象牙の輸送に携わったことは事実なので仕方ありませんが、今でも深く後悔しています。私はケニア人ですし――野生動物が好きなんです。ケニア人なら誰だってそうです。ケニアの国と大地を愛しています」

男性のインタビューを終えたとき、私は明らかに興奮していた。男性が我々に語った内容は極めて衝撃的であり、かつ決定的であるようにも思われた。彼は我々の取材に対して、中国大使館内で中国人が象牙を荷詰めしている現場を直に目撃し、それを自ら中国政府の専用機内に積み込んだと証言している。男性は記事中では匿名を希望していたが、取材には実名で応じてもいた。問題はその証言をどのようにして裏付けていくかだったが、そんなことよりもまず、当時の私にとっては〈R〉に頼らなくても、中国政府が国家ぐるみで象牙の密猟に関与している実態を証言してくれる当事者が突然目の前に現れたという事実の方が何十倍も重要であるように思えた。

しかし、その日の夕方、事態は思わぬ方向へと転がり始めた。

私が逗留していたホテルに突然、ある「男」が訪ねてきたのである。

その不可解な出来事が起きたのは、私とレオンが男性のインタビューを終え、私がナイロビ支局の近くにあるホテルへと戻った数時間後のことだった。疲れてホテルのベッドで寝ていると突然、部屋に備え付けの電話がけたたましく鳴った。受話器を上げると、フロントで働く顔見知りのホテルマンに「ロビーで友人が待っているので、降りてきてほしい」との用件を告げられた。

私はそのメッセージにわずかな不自然さを感じた。私はアフリカでの取材については渡航日程や行動予定をいつも秘密にしていたし、特に象牙密猟の取材についてはその原則を徹底してもいた。だから今回のナイロビ入りについても会社の上司を除いては仲の良い同業他社の特派員にも伝えていなかったし、もし彼らがどこかで私の姿を見かけたのであれば、面会ではなく、私の携帯電話やメールに直接連絡を入れてくるはずだった。先ほどまで一緒に取材をしていたレオンはすでにナイロビ郊外の自宅に帰宅している。

私は納得できないままジャケットを羽織ってエレベーターホールへと出た。客室階へと上がってくるエレベーターを待っている間、嫌な胸騒ぎがしたので到着したエレベーターには乗らず、非常階段で地階へと降りてみることにした。私がアフリカに赴任以来「定宿」にしているその宿泊施設は、イギリスのある著名な探検家の名を冠した由緒のあるホテルで(外国からの観光客にとっては高額なホテルだったが、就労ビザを持っているケニア在住者であれば、約半額で泊まることができた)、地階ロビーは一九世紀後半のビクトリア様式を思わせる大きな吹き抜けになっており、中二階からはロビー全体が見渡せる造りになっていた。私はふと、エレベーターで直接ロビーに降りるのではなく、まずは階段で中二階に降りてから、私に会いに来ている人物が誰であるのかを確かめてみようと思いついたのだ。

階段を降りて中二階の手すりから地階を見下ろしてみると、確かにスーツ姿の東洋人がフロントの前のソファに座り、誰かの到着を待っているように見えた。私の直接の友人ではなさそうだったが、でも確かにどこかで見覚えのある顔だった。

〈誰だろう……〉

私は数秒間、記憶の中にその人物を探した。スーツ姿の東洋人は私がやってくるだろうエレベーターホールの方を注視しており、自分が中二階から覗かれていることに気づいていない。その時、何か諍いが起きたのか、ホテルの外で車のクラクションがけたたましく鳴った。スーツ姿の東洋人はその時、ソファから身を乗り出してホテルの外をのぞき見ようとした。

その瞬間、目の前の映像と私の脳裏にある記憶がつながった。

〈あの男だ……〉

私は過去、確かにその男と「遭遇」していた。

場所は――ナイロビ地方裁判所の法廷である。私は中国人をめぐるある事件の裁判の取材中に彼と偶然、「遭遇」したのだ。

それは二〇一四年の一一月から一二月にかけて発生した、極めて不可解な「中国人によるスパイ疑惑事件」だった。

二〇一四年一一月三〇日、ナイロビ市内で住宅火災が発生し、居住していた中国人一人が焼死した。捜査当局が火災現場に踏み込んだところ、その住宅内部には数十台のパソコンと無数のケーブルが張り巡らされており、そのパソコンの隙間に身を屈めるようにして数十人の中国人が集団生活を送っていたことが発覚したのだ。

その後の捜査で、中国人たちはその住居からパソコンを使ってケニア国内の銀行口座や自動現金預払機（ATM）、モバイルバンキングシステムなどに潜り込み、ハッキング行為を繰り返していたことが判明し、ケニア警察は一連の犯罪に関わった中国人七七人を詐欺の疑いなどで逮捕していた。

しかし、事件は単なる「ハッキング事件」では終わらなかった。逮捕された中国人たちは火災の起きたその住居だけでなく、国連のナイロビ事務所やアメリカ大使館の近くにも同様の拠点を計六カ所も設営しており、インターネット網などを使って国連やアメリカ大使館へのスパイ行為を実行していた疑いが浮上したのである。中国政府から多額の金銭的支援を受けているケニア政府はすぐさま中国大使館に「一連の事件が情報要員によるスパイ事案ではない」ことの確認を――というよりは公式的な否定を――強く求め、中国政府も「事件は通信詐欺事件である」との声明を発表して両政府は即座に疑惑を沈静化する方向へと動いた。

中国人七七人による超大型の集団ハッキング事件――。私はすぐさま南アフリカからナイロビに飛んで事件の取材を開始し、裁判についても傍聴を続けた。

奇妙な事件は、その後始まった裁判においても異常性が際立っていた。容疑者の多くはパスポートを所有しておらず、英語もほとんど話すことができない。どこからどのようにしてケニアにやってきたのか、詳細のほとんどが謎に包まれたままなのだ。

実際に法廷を取材してさらに驚かされた。被告人席に座っている中国人の年齢があまりにも若すぎるのである。年長の者でも二〇代前半、多くが一〇代後半の未成年者のようにも見える。被告人の約四割が女性で占められ、彼女たちの何人かは「ドラえもん」や「クレヨンしんちゃん」などのキャラクターが印刷された安っぽいトレーナーを身につけていた。そしてなぜか、全員が口に医療用のマスクをはめているのだ。

ケニアでは開廷前、メディアが被告人席に歩み寄って被告人の顔写真などを自由に撮影できるようになっている。私もその慣例にならって地元メディアと一緒に手錠を掛けられて座っている若い中国人容疑者の顔写真などを撮影していると、しばらくして女性の裁判官が入廷し、彼女は開口一番、「被告人は全員マスクを取りなさい」と注意した。しかし、誰も英語が解せないのか、中国人らは誰一人、マスクに手を掛けようとしない。すると、業を煮やした女性裁判官が報道席でカメラを構えていた私を指さし、「彼らに今すぐマスクを外すよう、中国語に訳して伝えなさい」と命令したのだ。

私はすかさず「私は日本人です。中国語は話せません」と断った。

その瞬間、法廷内の空気が音を立てて変わった。

私の胸元にはそれまでには感じなかった鋭い視線が法廷の傍聴人席から注がれるようになったのだ。法廷内には英語のわからない中国人の被告人とは別に、傍聴席の後方に中国大使館の職員——あるいは中国政府の公安当局者——とみられる角刈りの男たちが十数人固まって座っていた。彼らは被告人自体を監視しているというよりは、裁判官を含めたケニアの司法当局者に政府間の「取り決め」を守るよう無言で圧力を掛けているようにも見えた。

その集団が明らかに私を睨んでいるのである。

裁判は通訳の到着が遅れているという先進国ではあり得ない理由で開廷自体がその翌週へと延期された。若い被告人たちは再び縄につながれると全員が示し合わせたように医療用のマスクをはめて七七人が一列になって法廷を出て行った。

私も取材を終えて法廷を出ようとした瞬間、背後から男の声に呼び止められた。振り向くと、背の高い、角刈りの、銀縁眼鏡を掛けた中国人の男が私の後ろに立っていた。

「どちらのメディアですか」と中国人の男は丁寧だが十分に威圧的な英語で私に聞いた。

「おたくは誰ですか」と私は棘《とげ》のある英語で聞き返した。

「中国大使館で働いている者です」と男はさらに威圧的な態度で私に言った。そう切り出せば、誰もが答えると信じて疑わないような聞き方だった。

「答える必要はありません」と私は存分に失礼な言い方で男に返した。「ここはケニアです。あなたたちの国ではありません」

その男、なのだ。

私がレオンと一緒に「中国大使館から象牙を運んだ」という男性を取材したその夕方に、私の宿泊しているホテルに友人として訪ねてきた東洋人は紛れもなく、あの日の法廷で私に威圧的に所属を詰問してきた銀縁眼鏡の男と同一人物なのである。

自分の行動が完全に把握されている——。

私は圧倒的な事実を前に一瞬ひるんだ。

まずは大きく深呼吸して、気持ちを落ち着けることに全精力を注いだ。

彼らは間違いなく、私の行動を把握している。私がここで一時的に身をくらませてみても、彼らが自由に閲覧できるであろう、ケニア政府の外国人の宿泊管理システムに照会を掛ければ、私の居場所などいとも簡単に割り出せてしまう。

私は少しの間考えて、ここは逃げるのではなく、むしろ相手に接触することで、相手の狙いが何なのか、それを探ってみる方針に切り替えることにした。

短く呼吸を整えてから階段ではなく、あえてエレベーターを使って地階へと降りた。とぼけた振りをしてフロントに向かうと、ソファに座っていた男がにこやかに向こうから声を掛けてきた。

「こんにちは」と男は笑顔で私を呼んだ。「ご無沙汰しております。日本人の新聞記者の方ですよね」

「ええ」と私は平常心を装って男に聞いた。「どなたでしょう？ 私はあなたを知りませんが……」

「裁判所でお会いしました」と男は前回とは打って変わって極めて丁寧な口調で私に言った。

「覚えていませんね」と私は意図的に首をかしげて思い出せない振りをした。「で、一体何の御用ですか？」

「ちょっとご相談したいことがありまして。あなたが今、取材をなさっていることで。実は私たちも困っていて、お互いにご協力できることがないかどうか、と思っていまして――」

「何かの勘違いではないですか」と私は男の提案をきっぱりと拒否した。「それよりもなぜ、あなたは私がこのホテルに宿泊しているとわかったのでしょう」

「偶然見かけたんです」と男は仮面のような表情で私に言った。「この前を歩いていたら、偶然」

「おかしいですね、私は今日は一歩も外に出ていません」と私の口から咄嗟に嘘が出た。

「変ですね」と男は私のミスを見逃さなかった。「二時間ほど前、どこからかこのホテルに戻って来たじゃないですか。私はそれを見たんですよ」

男はそれだけ言うと、私に特段何かを聞いたり伝えたりするわけでもなく、そのままタクシーに乗って帰っていった。

そんな男との短いやりとりの中で、私は、男が私に何を伝えたかったのか、そのすべてを完全に理解することができた。

それらはつまり――私に向けた極めて明確な形での警告だった。男が私の行動をかなり具体的に把握しているということ、そしてその日に私が取材した『中国大使館から密猟象牙を運んだ』と証言した男性もやはり男に完全にマークされているということ、そして私が実施した一連のインタビューを今後どこかで記事にすることがあれば、現時点では予期できないことが起こるかもしれないぞ、ということを、彼は一言も言葉にすることなく私に明確に伝達したのだ。

男が私に物理的な危害を加える可能性については未知数だったが、私は万一のケースに備えてすぐさまその定宿をチェックアウトし、ナイロビ中心部から少し離れた郊外にあるセキュリティーの高いアメリカ資本のホテルへと宿泊先を変えた。

そして翌日、私はナイロビ支局にレオンを呼んで、前日起きた不可解な出来事を真っ先に相談した。

すると意外にも、レオンの表情が一瞬で変わったのだ。

何かを知っている、あるいは何かを隠している者が示す、表情の変化だった。

「お前、まさか……」と私は思わず口走っていた。私はレオンを心から信頼していたが、一部の外国メディアの取材助手が現地政府の情報提供者になっていた例は、海外メディアでは決して珍しいことではなかった。

「いや、違う」とレオンは私の疑念を早々に打ち消した。

「俺は誰にも話してない。特に象牙のことについては絶対に、誰にもだ。信じてくれ。だって俺たちが象牙に関して取材していることがばれたら、危険な目に遭うのは〈蜂〉じゃなくて、俺だよ。〈蜂〉は南アフリカで暮らしているけれど、俺はケニアに住んでいるんだから」

「じゃあ、なんで」

「さっきの話を聞いて、若干気になったことがあるんだ」とレオンは言った。「実は前にも同じようなことがあったから」

「前にも？」

「うん」とレオンは真剣な表情で私に言った。「実はまだ、俺は象牙の取材について〈蜂〉に話していないことがある。これだけは絶対に言うなと前任者に止められていたんだ。実は前任者もずっと象牙の密猟問題を追っていた。そしてある日、かつて取材したことのある関係者が突然、自宅の前に現れたんだ」

「自宅に？」

「そう、自宅の前に」とレオンは言った。「その時のケースと同じだ」

前任者は私と同期入社の優秀な国際記者で、彼も任期中に象牙の密猟問題に力を入れて取り組んでいたことは彼からの引き継ぎや過去の記事で知っていた。

「前任者も狙っていたのか」と私はレオンに直接的に聞いた。「中国大使館による組織ぐるみの密猟を」

「もちろん」とレオンは言った。「それが最大のテーマだった。違法象牙の購入を大使館が組織ぐるみでやっているという話は前任者の頃から出ていたんだ。前任者はその決定的な証拠を押さえるために、象牙の密猟者たちが中国大使館の車に違法象牙を積み込む瞬間を写真でおさえようと考えていた。俺は前任者の指示を受けてマサイ・マラの入り口で三回ほど、赤いプレートが貼られた中国大使館の車が象牙を取りに来るのをカメラを構えながらずっと待ち構えていたことがあるんだ。現地には情報提供者がいて、彼が中国大使館の車が来る日を教えてくれることになっていた。でも、失敗した。その日、中国大使館員はケニア政府の救急車で来たらしいんだ。実は俺もその時、救急車とすれ違った。でも、救急車の中までは見なかった。結果的に決定的な証拠は押さえられなかった……」

「一つ、大事なことを聞いてもいいか」と私はレオンに質問した。「昨日会った『中国大使館から象牙を運んだ』と証言した男。あの男は前任者も取材しているのか」

短い沈黙がレオンに流れた。

「ああ、そうだ」とレオンは観念したように言った。「あの男は前任者も取材している。でも、これまでの取材で〈蜂〉と前任者が重複して取材しているのはあの男だけだ。でも、あの男を取材した直後に、前任者が取材した人物が自宅に訪ねてきたのかどうかはわからない……」

東京の編集局に電話してみると、前任者はその時、海外に出張中だった。すぐに彼の携帯電話に掛け直してみると、前任者はかつて「中国大使館から象牙を運んだ」と証言した男性を取材したことや、かつて取材した関係者が自宅前に訪ねてきていたことを認めた。「中国大使館から象牙を運んだ」という男性の話を記事化しなかった理由については、「どうしてもその裏付けが取れなかったんだ」と前任者は私に言った。だからこそ、彼は写真という決定的な証拠によって中国大使館の関与を裏付けようと狙ったのだ。

携帯電話で前任者とのやりとりを終えた直後、私は全身を言い尽くせないほどの深い疲労感に襲われ、支局のソファに身を横たえたまましばらく動けなくなってしまった。

同じ轍《てつ》を踏んでいる——。

この数分間に知り得た事実が、私の思考を深い絶望の淵へと追い込んでいた。前任者も象牙密猟の中枢に食い込み、中国大使館の関与を狙いながらも、最終的な裏付けを取れずに紙面化には持ち込めなかった。我々の行動は恐らく、誰かに監視されている。鵺《ぬえ》のようにつきまとう「影」の存在に彼もまた、私のように心を揺さぶられていたのではなかったか。

手足を縛られたような状況で、今後どのように動けばいいのだろう。もうどこにも「道」は残されていないのか――。

直後、私が最初に取った行動は、レオンがパソコン上で作成し、今までメールで私に送信してもらっていた象牙取材に関するすべてのインタビューメモをその場で一度プリントアウトしてもらい、ネット回線を通じて第三者に盗まれたり閲覧されたりしないよう、それらのすべてを私とレオンのパソコンから完全に消去してもらうことだった。レオンには以後、大事な話はできるだけ会うか電話でするよう伝え、私は未来永劫、男が訪ねてきた定宿には泊まらず、アメリカ資本が経営するナイロビ郊外のホテルに移ることを告げた。


携帯電話が鳴ったのはその数日後だった。

南アフリカのヨハネスブルク支局に勤務するもう一人の取材助手フレディからの電話だった。その年の九月にはヨハネスブルクでワシントン条約締約国会議が開かれることになっていた。そこでは絶滅に瀕するアフリカゾウの保護政策が議題に上る予定になっていたため、私はフレディに事前のリサーチをお願いしていた。

フレディの口からは意外な報告が飛び出した。

「ワシントン条約締約国会議の見通しなんだけれど……どうやら中国は本当に、世界中のすべての象牙市場を閉鎖して象牙の取引を完全に廃止すべきだと主張するみたいだ」

「すごいじゃないか」と私は若干興奮気味にフレディに言った。「ビッグ・ニュースだ。もし本当に中国が象牙の国内市場の閉鎖に踏み切るのなら、アフリカにおけるゾウの密猟だってなくなるかもしれない」

「でもね……」とフレディはそこで意図的に声のトーンを落として言った。「ちょっと信じ難いんだけれど、実はその会議の中で、日本はその提案に反対するんじゃないかという話が出ている」

「えっ」と私は短く聞き返した。「つまり、日本は従来通り、象牙取引の継続を主張すると……」

「うん」と優しい性格のフレディは言った。「まだ確定じゃない。でも、もし本当にそんなことになれば、日本は国際社会で完全に……」

フレディからの報告を聞きながら、私はアフリカと日本を隔てる一万キロという距離に時空の歪みのようなものを感じていた。

第六章　孤立と敗北

13

主賓であるにもかかわらず二時間以上も遅れて会場にやってきたケニアの現職大統領ウフル・ケニヤッタの合図によって、ナイロビ国立公園の広場に積み上げられた一〇五トンもの密猟象牙の山（野生ゾウ約八〇〇〇頭分に相当）に火が放たれたのは、にわか雨が上がった直後の午後三時過ぎだった。

点火の瞬間、式典に参列していた政府高官や海外メディアの口からは欲望を押し殺したようなため息が漏れた。まるで派手な結婚式でピラミッド状のグラスの山に高級シャンパンが注ぎ込まれたときのような、歓喜とも悲哀ともつかないため息だった。

象牙の材質はカルシウムであり、それ自体は燃焼しない。ケニアの野生生物公社の係員たちが順々に象牙の山に大量の灯油を注ぎ足して回る度に、静脈血のようなドス黒い色をした鈍い炎が鉛色に光る牙の山を激しく包み込み、黒煙がまるで幾重にも首が分かれた竜のようになって広大なケニアの青空を汚していった。

第一七回ワシントン条約締約国会議が二〇一六年、南アフリカで開催されるのを前に、ケニア政府が世界中のメディアを集めて密猟者から奪った違法象牙約一万六〇〇〇本に火を放ったのは、密猟被害の当事国であるケニアが象牙の密猟撲滅に向かって最大限努力していることを全世界にアピールすることが目的だった。

焼却に供された全象牙の闇市場価格は約一億ドル（約一〇〇億円）。ケニアの野生動物保護当局の予算の約一・五倍にもあたる大金だったが、ケニア政府は奪った象牙を売却して臨時収入を得るよりも、それらを派手に焼却してアメリカやイギリス政府の歓心を買い、世界中から観光客を呼び寄せてビジネスをした方が収益率が高いことを知っている。国連統計によると、豊富な野生動物を抱えるケニアの観光収入は国内総生産（GDP）の約一二％。ゾウ一頭が貢献する観光収入は象牙の取引収入の約七六倍にも上る。ゾウは象牙よりもカネになるのだ。

一方で、ケニア政府は一〇日間かけて所有するすべての象牙を焼却すると発表していたが、その説明がどこまで本当なのかは随分と怪しかった。「どうせ全部は燃やしはしないさ。初日に火をつける場面だけをメディアに撮影させた後、すぐに火を消し止めて残りは密輸組織にでも売り払うんだろう」と私の隣で口の悪いフランス人ジャーナリストが嘯《うそぶ》いていたが、私も彼の見解は半分以上正しいと思った。ケニアではいかなる政府発表にも必ず嘘が含まれている。今この場所にたった一つだけ真実があるとすれば、それはここに居合わせている誰もが、たとえ大統領が密猟との決別を宣言しても、どれだけ大量の象牙を燃やしても、この国からはきっと密猟はなくならないだろうと考えていることぐらいだった。明日になればまた、何事もなかったようにサバンナでゾウが殺され、賄賂で汚された税関職員の手によって大量の象牙がモンバサ港から東洋へと密輸されていく。繰り返されるT・I・A《This Is Africa》。つまり、それがアフリカなのだ。

ケニア政府が象牙を焼却処分してアフリカゾウの密猟撲滅を訴えるイベントは過去にも三回ほど開催された経緯があったが、今回は燃やされた象牙の量が過去最大だったことに加え、もう一つ、会場では時代の変化を色濃く反映する象徴的な出来事が起きていた。

多数の中国メディアが式典の取材に訪れたのである。

それは普段からアフリカ大陸で取材している私の目にも極めて異例な光景として映った。

アフリカにいる中国メディアは通常、中国政府の意に沿った取材活動を展開している。主な取材対象は中国政府の要人がアフリカ各国を公式訪問した際の記者会見だったり、各地に建設される中国資本の火力発電所や横断道路の開所式だったりするのが常で、紛争地帯や飢饉といった「アフリカ的」な現場には彼らはまず姿を見せることがない。

そんな国策の一環として活動している中国メディアが急遽、象牙燃やしの会場に集団で現れ、マイクを持った女性リポーターが炎に焼かれていく象牙の山を前に「みなさん、アフリカゾウを守るために象牙の売買を禁止しましょう」とカメラに向かって訴え始めたのである。

この「奇行」には会場の参加者の多くが虚を衝かれた。はじめこそいぶかしげな視線を送っていた欧米の自然保護団体の関係者たちは、その東洋人たちが日本や韓国からではなく、象牙密猟の元凶とされた中国から来たテレビクルーであることを知ると、誰もが驚きの表情を隠さずに惜しみない拍手を彼らに送った。

中国が変わり始めた——。

その予感は式典の少し前から徐々に表出し始めていた。

最初の胎動は、中国国家主席の習近平とアメリカ大統領のバラク・オバマが米ホワイトハウスで開催した米中首脳会談での協議だった。その会談の中で両者はアフリカゾウが絶滅の危機にさらされていることへの懸念を表明し、「象牙の国内商業取引を停止するための重要かつ時宜を得た措置を講じる」と歴史的な合意を交わしたのである。

ワシントン条約ですでに禁止されている国際間の取引だけでなく、国内を含めたすべての象牙市場の閉鎖に言及したその画期的なスピーチは、一方で、実効性が担保されていないことや今後のスケジュール感が見通せないものでもあったため、関係者の間では「単なる政治的なアピールに過ぎないのではないか」との懸念がつきまとうものだった。

しかし、中国は動いた。

二〇一六年の年明け、香港特別行政区のトップである梁振英がその年の施政方針演説の中で、香港における象牙取引を全面的に禁止することを表明したのである。

これには世界中の環境保護団体の関係者が驚いた。

香港は長らく世界最大の違法象牙の密輸入港だった。もしその密輸の入り口を封じることができれば、中国本土における象牙市場は確実に縮小に向かう。香港の行政長官を務める梁は親中派として知られており、その方針を中国政府も強く支持していることが窺われた。

これらの動きを受けて、関係者たちの間では、中国はさらにもう一歩、その方向性を決定的な形で推し進めるのではないか、といった推測が持ち上がった。その年の九月に南アフリカで開かれる第一七回ワシントン条約締約国会議の場で、中国自らが全世界における象牙市場の完全閉鎖を訴え、会議の主導権を握るのではないか、といった期待混じりの臆測だった。

密猟象牙の最大の消費国とされる中国が政府主導によって国内市場を完全に閉鎖すれば、象牙の闇市場価格はたちまち暴落し、ゾウの密猟も激減する。そうなれば、中国政府の決断がアフリカゾウの保全に大きな役割を果たしたことになり、国際社会における――特に野生動物保護の分野における――中国の地位は格段に高まる。アフリカゾウの危機が世界中から注目を集めている今だからこそ、中国は最大の見せ場で最高のカードを切るのではないか。アフリカゾウの保護に長年向き合ってきた関係者たちは期待を込めてそう願ったのである。

一方で、そんな中国とは対照的に世界の実情や国際社会の流れをうまく捉え切れていない島国が存在していた。

私の祖国――日本である。

当時、日本はすでに象牙をめぐる国際世論の厳しい逆風の中に立たされていた。

かつてタンザニアにおける象牙密猟の実態を暴き、「習近平の随行団が大量の象牙を購入し、政府専用機で中国へと送った」と暴露した国際環境NGO「環境調査エージェンシー」(EIA)が二〇一六年一月、今度は日本における違法な象牙取引の実態を報告書によって明らかにしたのである。

日本では現在、ワシントン条約によって象牙の国際取引が禁止された一九八九年より前に輸入された象牙に限り、国の機関である自然環境研究センターに登録すれば、国内で取引できることになっている。自然環境研究センターはその際、その象牙が一九八九年よりも前に輸入された象牙であるのかどうか審査する決まりになっていたが、EIAの調査員が電話で「象牙を二〇〇〇年ごろから持っている」と相談したところ、自然環境研究センターの担当者は「昭和の時代に入手したと申し出れば問題ない」などと回答し、象牙が合法的に輸入された物なのかを判断することなく流通に乗せている疑いのあることが報告書によって示されたのである。

日本国内の象牙市場はワシントン条約発効以前の古い象牙のみを扱い、厳格なルールに則って合法的に取引が行われている——それがこれまでの日本政府の建前だったが、その一角が日本固有の玉虫色判定と忖度によってなし崩しになっている実態が調査によって暴かれたのだ。

しかし当然ながら、国際的に激しい非難が巻き起こったのは、そんな日本国内の細かな制度運用に関する違反事例に対してではなかった。

欧米社会に激しい怒りや驚きを伴って受け止められたのは、EIAが同時に配信した日本最大のオークションサイト「ヤフー・オークション」（現・ヤフオク！）に関する調査報告——つまり「日本では象牙が今もインターネットオークションで大量に販売されている」といった一般人にも極めてわかりやすい商慣習についてだった。

EIAが独自に「ヤフー・オークション」における象牙の取引実績を調査したところ、二〇一二年から二〇一四年のわずか三年間だけで合計八〇三本（重量合計約四トン）の全形象牙が落札されていることがわかった。切断された象牙の落札を加えると、落札件数は約一万六五〇〇件。総重量は約一二トンにも及び、これとは別に約五万五〇〇〇本もの象牙印章が同期間に落札されていた。EIAの調査によって二一世紀の現代においても、日本では象牙がインターネットで売られまくっていることが全世界に暴露されたのだ。

この衝撃的な報告にアフリカゾウの絶滅に危機感を募らせていた欧米世論が一斉に噴き上がった。国際的な社会運動のキャンペーンサイトではヤフー・ジャパンに対してネット上での象牙取引の中止を求める署名運動が立ち上がり、一〇〇万人を超えるネット署名が寄せられた。

ヤフー・ジャパンはすぐさま、「ヤフーは違法な取引は一切許容していませんし、象の密猟や絶滅につながるような行為も容認しておりません」と反論し、次のような「言い分」をサイト上に掲載した。

〈日本は象牙の輸出入を禁止しており、日本国内に存在している象牙の量は増えていませんし、国内の流通も拡大していません。国内に存在している象牙やその加工品の売買は適法に行うことができ、何ら問題はありません〉

その釈明がさらにアフリカゾウを絶滅の危機から救おうと願う人々の反感を買った。日本の国内市場で象牙を自由にやりとりできるその状況が隠れ蓑となり、中国や東南アジアにおける闇マーケットへの象牙の流入が絶えないばかりか、アフリカにおけるゾウの密猟がなくならない根本原因になっていると多くの関係者が考えていたからである。

非難の嵐は終息する気配を見せず、日本としては最悪のタイミングでワシントン条約締約国会議の開催を迎えようとしていた。

ケニアで大量の象牙が燃やされた日の会場で、中国人の女性リポーターが私の方に歩み寄って聞いた。

「日本はいつまで象牙の国内市場を維持するつもりなの？」

私は内心苛立ち、これまで象牙を無尽蔵に密輸し続けてきたのはどこの国だ、と問い返したくなったが、あえて言葉を飲み込んでやめた。

女性リポーターが発した挑発は、ある一面では事実でもあった。

中国は変わり始めていた。

取り残されているのは、私の祖国・日本なのだ。

14

三年に一度の開催となるワシントン条約締約国会議が開かれる直前、開催国の南アフリカでちょっと眉を顰《ひそ》めたくなるような「事件」が起きた。

その日、南アフリカ政府はアフリカゾウの保全を協議する国際会議の開催を前に、国内外の主要メディアを同国北東部のクルーガー国立公園へと招き、南アにおける野生動物の保護政策を紹介する恒例のメディアツアーを実施した。数台の大型バスに分乗して計四日間、日本の四国ほどの面積を持つ国立公園内の各地を回り、ドローン（無人機）を使ったレンジャーのパトロールの状況や、ゾウを麻酔銃で眠らせてあらかじめDNAを採取しておき、万一ゾウが密猟されたときにはそのDNAから密猟や密輸のルートを辿る試みなどについて説明を受ける、そんな内容のメディアツアーだった。

参加メディアは国内外の二十数社。私は運悪く別の取材と重なってしまったため、ツアーにはヨハネスブルク支局の取材助手フレディに参加してもらったが、ツアー終了後、フレディから送られてきた取材メモと彼がツアー中に撮影したという数十枚の写真を見た時、私は思わず目頭を押さえてしばらくの間考え込んでしまった。

そこに顔面を切り落とされたアフリカゾウの写真が紛れ込んでいたからである。

「ツアーの最終日に突然、宿泊場所の近くで密猟されたゾウの死体が見つかったんだ」とフレディは携帯電話で私に事情を説明してくれた。「政府が準備してくれたバスに乗って現場に向かったんだ。あまりにも残酷なシーンだったよ。ゾウは顔面が切断されていて牙が顔ごと持ち去られていた。ものすごい臭気で、何度か嘔吐しそうになるくらいだった」

その説明に私は嫌な胸騒ぎを感じた。

「やらせじゃないのか」と私が尋ねると、フレディは「うん、その可能性は半分くらいはあると思う」と電話の向こうで押し黙った。

そう思わせるだけの証拠が我々にはあった。

実は私とフレディはその一ヵ月前、ワシントン条約締約国会議に向けた原稿を準備するため、事前にクルーガー国立公園を訪れて野生動物の担当者からゾウやサイの密猟に関する話を取材していたのだ。

担当者はその際、クルーガー国立公園で狙われているのは主にサイであり、ゾウは一年間でまだ九頭しか殺されていない、密猟者のほとんどは隣国モザンビークから国境を越えてやってくるため、密猟場所はモザンビークの国境付近に集中している、といった調査結果を我々に向かって明言していたのである。

それがなぜか、メディアツアーが行われていた当日だけは、モザンビーク国境から遠く離れた、百数十人のメディア関係者が宿泊するロッジのすぐ近くで、ゾウが殺されたのである。

そんなに都合良くアフリカゾウの「密猟」が起こるだろうか――。

私はその頃、南アフリカ政府が実施している環境保護政策をまるで信用していなかった。

アフリカ大陸の一角に位置しながらも、外観上はヨーロッパやオーストラリアと何一つ変わらない南アフリカは、周囲のアフリカ諸国からは「プラスチック・アフリカ」とその虚偽性を揶揄《やゆ》され続けていた。インフラやサービスは完全に先進国のそれであり、通常のアフリカで感じられるような不自由さがない。その一方で、郊外に広がっている大自然の中にも人の手が多分に入りすぎてしまっており、すべてが「プラスチック」でできているように味気なく感じられてしまうのだ。

忘れられない取材がある。

約一年前の冬。私とフレディが南アフリカにおけるライオンの「養殖」に関する潜入取材に挑んだ時のことだった。

白人社会が経済の実権を掌握している南アフリカでは今も、世界中から狩猟愛好者を招いて「野生動物」のハンティングツアーが幅広く実施されている。南アフリカでは現在、国立公園内でのハンティングは禁じられているものの、白人がアパルトヘイトの時代に占有した広大な私有地内――それらは日本の市町村レベルの面積を持った土地だ――であれば、営利目的のハンティングが許容されているのだ。愛好者たちは私有地内に設置されている高級ロッジに宿泊しながら、専用のガイドを雇って銃やボーガンを使って野生動物の「ハンティング」を楽しむのである。

愛好者たちに最も人気のある獲物はもちろん、百獣の王と呼ばれるライオンである。

しかし、そのライオンは正確な意味では「野生動物」とは言えず、多くが業者によってあらかじめハンティングのために繁殖・飼育された「養殖ライオン」なのである。

愛好家たちは事前に業者のホームページで撃ちたい動物を選び、費用を前払いした上で南アフリカにやってくる。シマウマやキリンなどの草食動物であれば、すでに私有地内に放し飼いにされているのでいつでも撃つことができる。一方で、ライオンやヒョウなどの肉食動物は他の草食動物を食べてしまう可能性があるため、それらは業者が愛好者から「ハンティング」の注文を受けた後、養殖用の檻から小さな移送用のカゴに移し替えられて輸送され、愛好者らが到着する直前に私有地内のサバンナへと放たれるのである。

これらの狩猟は本来の狩りとは区別され、自然愛好家や動物保護団体からは「缶詰にされた狩猟《Canned Hunting》」と揶揄されて、南アフリカ全土で激しい抗議運動が巻き起こっていた。

アフリカ大陸には現在、野生のライオンが推定三万五〇〇〇頭生息しているが、南アフリカでは約六〇〇〇頭のライオンが二〇〇以上の施設でハンティング用に養殖され、年間数百億円という莫大な収益を稼ぎ出しているのだ。

私はフレディに数ヵ月間かけて取材先をリサーチしてもらい、南アフリカ北部ベラベラ近郊にある、特にアメリカの愛好家から絶大な人気を誇るハンティング業者の私有地へと取材に向かった。

ホームページには私有地内で射撃できる約三〇種の動物の値段が掲げられており、シマウマは一頭一三〇〇ドル（約一三万円）、キリンは四〇〇〇ドル（約四〇万円）、雌のライオンは八〇〇〇ドル（約八〇万円）、雄のライオンは二万ドル（約二〇〇万円）から五万五〇〇〇ドル（約五五〇万円）との値段が付けられていた。

私とフレディが南アフリカの文化を伝えたいとハンティング業者に取材を申し込むと、白人のオーナーは我々に半ば疑いのまなざしを向けながらも黒人の従業員に対応を指示してくれた。

案内された私有地の一角には高電圧の電気柵に囲まれた巨大な檻が設置されており、その中ではハンティング用に飼育されている約二二〇頭のライオンがいた。従業員によると、生まれた子どもは四ヵ月で親から引き離され、交尾して新たな子どもを産むよう繁殖用の檻へと移される。歳を取り、繁殖に向かなくなったライオンがやがて、ハンティングの標的としてサバンナへと「出荷」されていく。

養殖されたライオンは普段は檻の中で人間から与えられた死んだ鶏を食べているので、野に放たれても狩りの仕方がわからない。数日間、腹を空かせてサバンナを彷徨《さまよ》ったところにガイドとハンティング客を乗せたランドローバーが現れ、懐かしい人間の匂いをかぎ取ってエサをもらおうと近づこうとしたところを、ライオンは銃を持ったハンターに撃たれるのである。

銃で撃たれる直前、養殖ライオンは一瞬垣間見える人間の表情に何を思うのか。短い一生を共に過ごした愛情か。殺されるためだけに育てられた怨念か——。

「うちにはキリンやシマウマだけじゃなく、希少種のサイやワニやゾウもいる。全部で四万頭だ」と白人オーナーは誇らしげに私に言った。「三年前にライオンを加えたら、客が倍以上に増えた。今はほとんどが外国から来る客だ。六〇%がアメリカから、三〇%がヨーロッパから、残りの一〇%が中国からやってくる」

「ハンティングに関しては世界的に色々と批判も出ています」と私はあくまで控えめにオーナーに尋ねた。「それらの批判について、オーナーはどのようにお考えになりますか？」

「馬鹿げた質問だ」とオーナーは私の質問に一瞬、怪訝《けげん》な表情を浮かべて言った。

「ハンティングはアフリカ固有の文化だ。ハンティングを批判するのはみんなアフリカを知らないヤワな奴らばかりだよ。日本人だろうが中国人だろうが、牛や鶏を殺して食べるだろう。ワニ革のハンドバッグだって買っている。なぜライオンの飼育だけを非難するんだ？　牛や鶏がどんなところで育てられているのか、知っているか？　狭苦しい牛舎や鶏舎に閉じ込められたまま、奴らは一生を終えるんだ。その点、ライオンは最後には野に放たれる。百獣の王として輝かしい本能を取り戻すだろう。人間だってそうだ。狩りをしていた頃の本性を取り戻すんだよ。俺たちは非難されるようなことは何一つしていない。逆に感謝してほしいくらいだよ」

大昔、人間と動物は互いに対等な関係を保っていた。互いに殺し、殺され、喰い、喰われるといった双方向的な緊張関係がそこにはあった。

しかし、人間がその後言語を獲得し、テクノロジーを駆使するようになった時、両者の関係は劇的に変わった。人間が動物の生を支配し、生きるために肉を得るのではなく、自己満足や愉楽を得るために動物の命を奪うようになった。

それは決してライオンだけに限らず、絶滅が指摘されているアフリカゾウにも言えることだった。

人間の欲望は動物の生命や尊厳をどこまで弄《もてあそ》べるのか──。

それこそが、その年の九月に南アフリカで開かれるワシントン条約締約国会議の最大のテーマでもあった。

15

世界中にあるすべての象牙市場を閉鎖すべきかどうかを話し合う第一七回ワシントン条約締約国会議は二〇一六年九月二四日、南アフリカの最大都市ヨハネスブルクで開幕した。

主要各国の環境団体がこの日に合わせて計一三〇都市でグローバルマーチを展開する予定になっていたため、私は開催地ヨハネスブルクの緑地公園で「アフリカゾウを守れ」とプラカードを掲げて抗議する人々を取材してから会場へと向かった。

メーン会場はヨハネスブルク郊外の国際会議場。大型ショッピングセンターと直結したガラス張りの近代建築には大小十数の会場が用意されており、地下二階には世界中から集まった記者たちのプレスルームが設置され、参加国による議論は二階の大会議場で実施されることになっていた。

会場に足を踏み入れて驚いた。正面に設置された巨大スクリーン、会場脇を固めた報道陣によるテレビカメラの砲列は一般的な国際会議でもよく見られる光景だったが、注目は会場後方に設置されている無数のNGO席だった。この会議では各国政府団が座る会議場前方のテーブル席に加え、その後方に環境保護の現場で活動している数十のNGOや環境団体が席を構え、オブザーバーとして直接協議に参加するのである。

このユニークな協議方法については一九七三年にワシントン条約が成立した際、現場のNGOが大きな役割を果たしたことに起因するものだと聞いたことがあったが、実際に目にしてみると実に壮観な光景だった。政策立案側が自らに都合の良い「有識者」だけを集めて形式的に議論が行われたことにする我が国の「有識者会議」とは大きく異なり、ここでは現場を最もよく知る実務者たちが協議に積極的に関与してあるべき姿を決めるのだ。彼らは早速会場の内外に散らばって各国の代表団やメディア関係者にロビー活動を展開しており、私も複数の環境団体から「絶滅寸前のアフリカゾウを守るよう、真実を伝える記事を書いてください」との熱烈な陳情を相次いで受けた。

会議が始まると、さらに驚かされた。プログラムの開始が宣言されると同時に会場後方に陣取っていたNGOのスタッフたちが一斉にノート型パソコンを立ち上げ、一心不乱にキーボードを叩き始めたのだ。画面をのぞき見てみると、それらはいずれもフェイスブックやツイッターの画面で、彼らは参加国の発言を生中継したり、議長の議事進行の方向性を批判したりして、会議の様子をヨーロッパやアメリカにいる支援者たちにリアルタイムで中継しているらしかった。名刺を交換したいくつかのNGOのサイトにアクセスしてみると、参加国の発言が画面上にツイートの形で時系列的に整列しており、会議の流れが一目でわかるだけでなく、参加国の思惑を読み解く上での簡易的な「議事録」にもなっている。アフリカゾウの未来を決める重要な会議は各国代表者が集うこの会議場だけでなく、アフリカゾウの将来に関心を持つ世界中の人々を巻き込んで、この会議場の空中を飛び交う無限のサイバー空間でも行われているのだ。

初日のプログラムは会議の進め方などの事務的な議論が中心だったため、私は頃合いを見計らって東京から会議に駆け付けていた弁護士の坂元雅行を会場の外へと誘った。

坂元は東京第二弁護士会に所属して弁護士業務に従事する傍ら、日本ではまだ珍しい環境派弁護士として野生のゾウやトラなどの貴重種の保護に取り組むNPO法人「トラ・ゾウ保護基金」の事務局長を務める、野生動物保護分野における第一人者だった。ワシントン条約締約国会議にも過去六回参加しており、私も一時帰国の際には坂元が所属する「虎ノ門・森の風法律事務所」を訪れて、色々と取材に関するアドバイスを伺っていた。

「会場の雰囲気はどうですか？」と私は坂元に会議初日の印象を尋ねた。

「いや、凄い熱気ですね。想像以上です」と坂元はかすかに熱を帯びた声で言った。「強い追い風を感じます。今回はアメリカとアフリカの二九カ国から象牙の国内市場閉鎖を求める提案が出ているでしょ。来る前から極めて大きな意味合いを持った会議になるなとは思っていましたが、現場入りして世界がどれだけアフリカゾウの密猟に関心を示しているのか、思い知らされましたよ。出席者には長年知っている人たちも多いけれど、みんな目尻に微笑みを浮かべている。世界的な世論の流れは完全に、全象牙市場の閉鎖を求める方向で一致していると思いますね」

法律家というよりもどこか町の自転車店の店主といった表現がぴったりとくるような、穏やかな雰囲気をまとった弁護士だった。法曹界隈にありがちな、知識を押しつけて相手を見下したり、会話を威圧的に進めて自己顕示したりするようなところがまるでない。坂元からはかつて、出身地である京都の自宅の周囲が竹林で、小さい頃は昆虫を捕まえるのが得意だった、その竹藪がどんどん道路へと開発されていく中で、心にぽっかりと穴が開いてしまったような寂しさを感じ、将来は環境問題に取り組みたいと思ったんだ、という打ち明け話を聞いたことがあった。

「象牙の国内市場は閉鎖になると思われますか」と私が聞くと、坂元は半ば期待を込めて「当然そうなると思います」と専門家としてのコメントを述べた。

「今回は後で振り返れば歴史的な、アフリカゾウを絶滅の淵から救い出した転機になったと回顧されるような、画期的な会議になると思います」

アフリカゾウの保全をめぐる実質的な議論は会議二日目の九月二五日、各国代表が会場のブースでそれぞれ記者会見を開いて見解を述べるという、いわば「前哨戦」の形で始まった。

最初に議論の土台となる現在のアフリカゾウの生息数について、絶滅危惧種のリスト（レッドリスト）などを公表している国際自然保護連合（ＩＵＣＮ）が記者会見を開いた。

国際自然保護連合の調査によると、アフリカに生息している野生ゾウの数は一〇年前の調査から約一一万頭も減少し、現在四一万五〇〇〇頭。記者会見した幹部らは激減の理由を「象牙を目的とした密猟の増加によるもの」と断定したが、これらの結果を受けてアフリカゾウの保全策を今後どのようにすべきか——つまり、世界中の象牙市場を完全に閉鎖すべきかどうか——については「この会議の参加国が決めることだ」とあえて意見の表明を避けた。

一方、自然死したアフリカゾウの象牙を日本に売却するなどして幅広く活用したい南アフリカやナミビア、ジンバブエなどの南部アフリカ三カ国はそれぞれ独自に記者会見を開き、「ゾウは資源であり、ゾウの持続可能な利用のためにも象牙の取引は必要だ」と従来通りの主張を繰り返した。会見では「ゾウは自らの象牙を売って生き残るしかないのだ」といった過激な発言も飛び出し、危うく出席していたNGO職員と一触即発の状態にもなった。

その中で日本政府の代表団は表面上、平静を装っているように見えた。特段目立った動きは見せず、各国間の会見にも加わろうとはしない。

私は職務上、会議の初日に日本政府の代表団に接触し、今回の会議における日本政府の方針についての事前説明を受けていた。

「日本からの報道では、象牙の全国内市場の閉鎖を求める決議案には反対なさる方針だと伺っていますが、事実でしょうか」

私がそう尋ねると、政府代表団の代表者は「恐らくそういうことになるでしょう」と素直に答え、その理由や背景について簡単にレクチャーしてくれた。

日本からの報道によると、日本政府は古くから伝わる日本の象牙に関する伝統文化やそれを受け継ぐ象牙業者の生活を維持するために国内における象牙市場の継続を訴えていく方針だ、と伝えられていたが、代表者の説明を聞く限り、どうやら理由はそれだけではなさそうだった。

最大の障壁は「プライド」ではないのか、と私は代表者の説明を聞きながら感じた。

もっと踏み込んで言えば、我々は間違ったことはしていない、という「自負」であり、それに起因する「自信」でもある。

代表者の説明は、役所的には「理路整然」としたものだった。

南部アフリカの国々では東アフリカ諸国とは異なり、密猟によるアフリカゾウの減少は限定的で今のところ絶滅の恐れはない。ゾウの保全には多額の資金が必要であり、南部アフリカの国々は自然死したゾウの象牙を売却することでゾウの持続可能な利用と保全を図りたいと考えている。

一方、日本国内に視線を移せば、象牙市場は政府によって適切に管理されており、アフリカにおける密猟を増加させたり、中国による密輸を助長したりしているものでは決してない。これらの二つの事情を組み合わせることにより、日本政府は象牙製品を求める人々のニーズを満たし、これまで日本が培ってきた象牙に関する伝統文化を後世へと継承していくことができるし、その収益によって南部アフリカの国々はゾウの保全を安定的に続けていくことができる——。

「そもそも……」と発言の最後で代表者は本音を漏らした。「日本はこれまでずっとワシントン条約で決められた細かいルールを忠実に守りながら、国内の象牙市場の運営や規制に真面目に取り組んできたんですよ。南部アフリカの国々もそうです。だからこそ、ゾウの激減を免れている。それが何ですか？　ずさんな運営を続けて密猟や密輸を野放しにして、アフリカゾウの激減を招いた張本人である東アフリカ諸国や中国がどの面下げて『すべての市場を閉鎖しろ』なんて言うんですか？　あきれて物も言えません。アフリカゾウを絶滅に追い込んでいるのは私たちじゃない、『彼ら』なんですよ」

日本政府団の代表者がその時私に語った内容は、それまでアフリカで象牙密猟の取材を続けてきていた私から見ても極めて真っ当な「正論」と言えた。

些細な違反事案は見られるものの、日本の象牙市場は中国に比べれば遥かに適切に管理・運用されているのは間違いなかった。ゾウの保全には多額の資金が必要なことも紛れもない事実であり、先住民たちの生活が脅かされないよう、ゾウの保全には国立公園の敷地を広く確保したり、必要に応じてフェンスを設置したりする作業が不可欠になっている。南部アフリカ諸国の要請通り自然死したゾウの象牙を日本へと輸出し、その資金でそれらの対策費が賄えるようになれば、その理想的なサイクルは順調に回り始めるのかもしれない。

加えて、代表者が強く指摘するように、アフリカゾウの激減を招いたのは、汚職にまみれ政府ぐるみで密猟を行っている東アフリカの国々であり、違法と知っていながら犯罪組織を通じて大量の密猟象牙を密輸している中国であることもまた事実だった。悪いのは「彼ら」であり、「我々」ではない。

しかし、その「正論」にはどこか、アフリカでゾウの保護に携わっている人々を納得させるだけの説得力のようなものを持ち得ていないように私には思われた。今回、アフリカゾウの未来を決めるこの会議で求められるのはきっと、「正論」でも「勧善懲悪」でもない。アフリカゾウを取り巻く現状をいかに具体的に把握し、その悲惨な状況を打開していくための対策をどこまで講じていけるのか。求められているのはたぶん、具体的な「知恵」と「譲歩」なのだ。

現状がこのまま推移していけば、アフリカゾウは確実に絶滅の道を歩んでしまう。日本や南部アフリカの国々が築き上げようとしている循環システムが東アフリカ諸国や中国によって悪用されている限り、今後日本に国内市場が残されてしまえば、密猟象牙がその日本の国内市場を隠れ蓑にして中国に流れ込み、「合法象牙」として販売されてしまう。

その流れを完全に断ち切るためには、もうすべての象牙の取引を禁止するしか方法がない――それこそが今回参加している世界の国々が導き出そうとしている結論であり、日本はその激流の直中に木舟を漕ぎ出そうとしている自殺志願者であるように私には映った。

16

すべての象牙の国内市場の閉鎖を求める決議案の協議は事実上、会議三日目となる二〇一六年九月二六日から始まった。

提案国はアメリカとアフリカ二九カ国。

会議では冒頭、提案国の一つであるニジェールがアフリカゾウを密猟から守るためにどの国も国内市場の閉鎖に協力してほしいと提案理由を説明し、同じく提案国であるアメリカが賛同の意見を述べた。

趣旨説明が終わると議長はすぐに討論には入らず、個別の作業部会を設置して具体的な協議を続ける案を参加国に示した。

これに対し、象牙取引を継続したい南部アフリカのナミビアはすぐさま反対意見で対抗した。ワシントン条約は国際間の取引を規制する条約であり、国内間の取引については条約の範囲外であるため議論自体を必要としない。そう言って議論に入る前に、議長に「門前払い」するよう求めたのだ。

ナミビアの意見には確かに一分の理があった。一九七三年に採択された「絶滅のおそれのある野生動植物の種の国際取引に関する条約」＝いわゆるワシントン条約はその名が示す通り、基本的には「国際取引」を規定するものであり、国内市場を閉鎖するかどうかといった国内問題については条約の規定外にあたる、といった考え方もできる。

でも一方で、アフリカゾウが絶滅の危機に瀕しているのに、その遠因となっている象牙市場の存続を全く議論もせずに各国代表団が決議案を取り下げることは、どう考えてもあり得ないことだった。ナミビアの要求については採決が取られた結果、賛成三一、反対五七、棄権七で否決され、国内市場の閉鎖問題については日本を含む三〇の政府代表団と一八のオブザーバー団体が作業部会を作って協議していくことでまとまった。

最初の作業部会はその日の夜七時から、報道陣を閉め出した形で開催された。世界中のメディアから派遣されているジャーナリストたちは会場外の廊下に張り付いて、時折会場から抜け出してくる政府出席者やNGO関係者らから途中経過を取材していたが、関係者から話を聞く限り、その日の作業部会で話し合われたのは象牙市場の閉鎖問題ではなく、各国が密猟者などから奪って保管している象牙、いわゆる「在庫象牙」の処分に関する決議案のようだった。主にケニアなどのアフリカ諸国が提案していたもので、「在庫象牙」についてはその後の犯罪捜査用にDNAなどのサンプルを採取した後、焼却したり、粉砕したりするなどの手続きを進めるよう各国に求める内容だったが、将来的には「在庫象牙」を日本へと売却したい南部アフリカの国々が決議案で使う文言について、原形を留めないような「破壊」(Destruction)を使うのか、破棄や売却を含めた「処分」(Disposal)といった文言に留めるのかでもめており、結局、結論は翌日以降に先送りされてしまったようだった。

象牙の国内市場の存続をめぐる問題は結局、翌二七日の午後七時から開かれた第二回目の作業部会で本格的な議論が始まった。冒頭、提案国であるアメリカとアフリカ二九カ国による修正決議案が参加者全員に配られた。

修正決議案の基幹部分には次のような文章が表記されていた。

〈その主権の及ぶ範囲内に、合法化された国内象牙市場または象牙の国内商業取引が存在する**すべての締約国および非締約国は、その未加工および加工象牙の商業取引が行われる国内市場が、密猟および違法取引の一因とならないように、閉鎖する**ため、必要な法令上、規制上および執行上の措置を緊急にとることを勧告する〉（※太字化は著者による。以下同じ）

文言を素直に読めば、「象牙の国内市場を持つ国々は、その国内市場が密猟や違法取引の原因とならないように、閉鎖する」と理解できる。非常にシンプルな修正案だった。

しかし、この修正案に対し、異議ではなく「質問」を述べた国があった。日本である。

作業部会に出席していた関係者によると、日本政府の代表者は会場で次のように尋ねたという。

「この修正の意味をはっきりさせたい。国内市場が常に密猟や違法取引の原因になっているとは限らない。**『密猟および違法取引の一因とならないように』**という表現は、密猟や違法取引の原因とならない市場は閉鎖の対象にならないという意味に理解して良いか」

あまりに狡猾な「質問」だった。

例えるならば、「タバコが子どもに悪い影響を及ぼさないよう、保護者に対する学校内での喫煙を禁止いたします」という学校側の要望に対し、「子どもに悪い影響を及ぼさないタバコについては、禁煙の対象にならないと理解して良いか」と尋ねたようなものである。

決議案を読む限り、そこで述べられているのは「国内市場が、密猟および違法取引の一因とならないように、閉鎖する」といった基本概念であり、日本の国内市場が密猟や違法取引の原因になっていないからその対象には含まれない――はずなどあり得ない。日本政府の代表者は当然それを承知の上で、卑劣にも日本の伝統文化とも呼べる玉虫色の解釈が今回の決議案でも可能かどうか、質問の形で確かめたのである。

これに対し、修正案の提案国であるアメリカは「象牙をめぐっては今、究極の行動が必要なのだ」と参加国に完全閉鎖への理解を求めた。国内に象牙の合法市場がある限り、密猟で得られた違法象牙はその市場を隠れ蓑として流通していく。その流通が原因となって密猟者や密輸者たちが不正を繰り返し、アフリカゾウの数が激減してしまうだけでなく、地域社会の自然環境や安全保障上のリスクにもつながっていく……。そんな実情を率直に考えてほしいと参加国に訴えたのだ。

最大の注目を集めたのはやはり、中国政府団の発言だった。

「どの国内市場が密猟や違法取引の原因になっているかなど、誰にもわからない。すべての市場が密猟、違法取引の原因になっていると言うしかない」

その発言に会場を埋めた各国の代表団だけでなく、オブザーバーとして参加していたNGOの関係者からもどよめきが起こった。

全国内市場の完全閉鎖。それが象牙密猟の元凶になってきた中国政府の揺るがぬ方針であることを中国政府団が全世界に示した瞬間だった。

全国内市場の閉鎖か、限定的な国内市場の閉鎖か——。

両者は激しく対立・紛糾したため、議論は翌日もう一度、提案国であるアメリカとケニアが参加国やオブザーバーから意見を受け取って再修正案を作り、協議を続けていくことで落ち着いた。

「いや、すごいやりとりでしたね」と午後一一時半、作業部会に出席していた坂元は携帯電話で私の取材に応じた。「各国の意見が正面からぶつかり合って、まるで映画のワンシーンを見ているかのようでした。その中で日本政府の対応は姑息というか、極めて日本らしいというか。閉鎖の対象は『密猟や違法取引の一因となっている国内市場』であり、日本の国内市場はそうではないから決議案の適用を免れる、もしその解釈を認めてくれるのであれば、修正案に同意しますよ、と暗に示唆する発言です。参加国からは『どうやってその市場が密猟や違法取引の一因となっていないかを判別するのだ』という疑問が上がっていましたが、本当にその通りだと思います。実は私も議長の許可を得て発言したんです。『密猟や違法取引の原因になっている市場かどうかは程度の問題であって、実際には一〇〇％どころか五〇％も効果的に規制できていない国がほとんど。その一例が日本であり、日本の国内象牙の取引の管理は抜け穴だらけで、いくつもの違法事案が確認されている』とね。日本政府の代表団は困ったような顔をしていましたけれど……」

坂元はかすかに笑いながら、その日の議論で感じた率直な感想を私に告げた。

「でも、やっぱり驚いたのは中国政府団の発言でしたね。これまで象牙密猟の元凶と呼ばれてきた中国があんな発言をするなんて、隔世の感があります。発言の瞬間、会場に拍手がわき起こってね。全国内市場の完全閉鎖。その衝撃たるや、あの時の中国政府団の発言が今も私の脳裏には焼き付いていますよ」

そんな坂元の報告を聞きながら、アフリカで長らくゾウの取材を続けてきた私は心の片隅で苦々しい感情を抱いていた。

経済発展と共にアフリカ各地に無数のネットワークを張りめぐらせている中国はきっと、アフリカゾウを取り巻く現状を極めて的確に把握している。そして、ゾウの激減を招いた最大の原因が自国にあることも、ここで象牙市場の維持をどんなに主張したところで、それらの要求が決して認められることはなく、象牙市場の閉鎖に踏み切ることしか実質的な選択肢は残されていないことも、彼らは他のどの国よりも熟知しているのだ。

だからこそ――と私の脳裏に嫌な考えが過《よ》ぎった。

中国は日本を貶めることで、自らの活路を拓こうとしているのではないか。正論を振りかざし、象牙業界と独自の文化を必死に守ろうとしている日本をあえて攻撃することで、自らの立場を「悪」から「善」へと転化させ、国際社会をリードする。あるいはそれこそが、中国がこの国際会議で達成したい真の「目標」ではなかったか――。

第三回目となる作業部会は翌二八日の午後七時半から開催された。決議案は本会議での採決を経なければならないため、議事日程的にも最後の話し合いの場になるはずだった。

前日の修正決議案をめぐっては、午前中の段階で日本やEUなどから修正意見が提出されており、会議の冒頭、それらの修正意見を受けてアメリカとケニアが作成した再修正案が係員によって配られた。

再修正案には次のような文言が記されていた。

〈その主権の及ぶ範囲に、**密猟または違法取引に寄与する**、合法化された国内象牙市場または象牙の国内商業取引が存在するすべての締約国および非締約国は、その未加工および加工象牙の商業取引が行われる国内市場を閉鎖するために必要な、法令上、規制上および執行上の措置を緊急にとることを勧告する〉

〈この閉鎖に対する狭い例外の設定は保障されうることを認識する。ただし、その例外が密猟または違法取引の一因となるものであってはならない〉

関係者から入手した再修正案を見た瞬間、私は全身から力が抜けていくのがわかった。

前日の修正案では「**密猟および違法取引の一因とならないように、閉鎖する**」と閉鎖の対象がすべての国内市場に特定されていたのに、手にした再修正案では「**密猟または違法取引に寄与する（国内市場）**」という一文によって、閉鎖対象が意図的に狭められてしまっている。つまり日本的な解釈に従えば、密猟や違法取引に寄与しない国内市場については、閉鎖する必要がない。子どもに悪い影響を及ぼさないタバコについては、禁煙の対象にならない、と捉えることが可能になってしまっているのだ。

それらは新たに加えられた**「この閉鎖に対する狭い例外の設定は保障されうることを認識する」**という一文によってもしっかりと裏付けられていた。最後の**「ただし、その例外が密猟または違法取引の一因となるものであってはならない」**といった文言で違法市場を排除していることだけがわずかな救いではあったが、閉鎖対象がアメリカや中国が求めたような「すべての国内市場」ではなく、当事国が解釈によって閉鎖対象を変更できる、大きく後退した内容へと変更されているのは明らかだった。

当然、中国政府団はこの再修正案に強い不快感を表した。

閉鎖対象を狭めるために挿入された**「密猟または違法取引に寄与する」**の一文を削除するよう求めると共に、新たに付け加えられた例外を認めるすべての二段落目を削除するよう議長に求めたのだ。

例外は一切認めるべきではない――。

そんな中国の断固たる姿勢に会場の環境NGOからは前日同様拍手が上がった。

一方で驚くことに、日本政府の代表団は日本の意見を受けて修正されたその案に、さらなる修正を議長に求めた。**「密猟または違法取引に寄与する（国内市場）」**という再修正案の表現をさらに後退させて、**「密猟を増加させる著しい違法取引の一因**

となる」に変更するよう求めたのだ。閉鎖するのはあくまで「密猟を増加させる著しい違法取引の一因となる」国内市場であり、些細な違法取引が発覚している日本のような国内市場には目をつぶれ、と条文の骨抜きを事実上求めるような修正だった。

日本政府の主張についてはブラジルやアラブ首長国連邦が賛成したが、さすがにその他の参加国は意見を言わず、おのおのの立場で再修正案への意見を提示していった。

各国が意見を述べたところで、数で有利な欧州連合（EU）が再修正案の支持に回ったため、最終的には再修正案は大きな修正をすることなく本会議へと回されることが決まった。

審議終了――。

全国内市場の閉鎖にこだわった中国政府の代表団も再修正案には反対しないと表明して途中で席を立ち、日本政府団も拍手で決議案がまとまったことを祝福した。

「かなり大きな前進だと思います」

作業部会の終了後、協議に参加していた坂元に電話を入れると、日本を代表する環境派弁護士の第一人者は再修正案の「成果」をかなり前向きに受け止めているようだった。

「『密猟または違法取引に寄与している市場を閉鎖する』。この表現であれば、よほど小規模で違法行為は全くないといった市場でない限り、閉鎖が義務づけられます」と坂元は日本の法律家としての見解を述べた。「新たに加えられた一文でも例外は『狭い』、つまりアンティーク市場のようなものであると想定されるし、『例外が密猟または違法取引の一因となるものであってはならない』とまで明記されている。穴だらけの法制度の下で違法行為が絶えない、今の日本の国内市場が閉鎖対象に含まれることは確実です。会議の参加国も当然、日本市場は閉鎖対象に含まれると考えているでしょう」

坂元は明るい声で「日本政府は近く、閉鎖宣言を余儀なくされると思います」と宣言したが、日本政府の「癖」を知り抜いている私にはどうしても、坂元の発言を額面通りには受け取ることができなかった。

坂元や他の会議出席者から作業部会での議論の詳細を聞く限り、日本政府の代表団は協議が紛糾するほどに自らの「正義」を主張している。それほど激しく抗戦したのであれば、彼らはただ敗北を認めるだけでなく、代わりに何らかの利益を獲得したはずだった。坂元が言う、「誰もが日本市場は閉鎖対象に含まれると考えている」という文面を得意の玉虫色にすり替えることで、彼らはあえてそこに自らの解釈の入れられる余地を残したのではなかったか――。

そんな懸念はすぐに現実になった。

作業部会で決議案がまとまった翌日、日本政府で環境大臣を務める山本公一が閣議後に東京で記者会見を開き、「日本の国内市場は密猟などで成り立っているわけではない」と述べて日本の国内市場は閉鎖の対象外であるとの見解を全世界へと発信したのだ。

前日に参加国がまとめた「密猟または違法取引に寄与している市場を閉鎖する」という再修正案を受け入れた上で、だがしかし、「日本の象牙市場は密猟や違法取引には寄与していない」というこれまで日本政府団が会議で主張し続けてきた論理構築を政府として再確認するものだった。

この日本の環境大臣の発言を受けて、南アフリカで会議に出席していた多くの関係者は錯乱状態に陥った。

決議案はまだ作業部会でまとまっただけの段階であり、本会議で正式に採択されてさえいない。日本の環境大臣の発言は「アフリカゾウの密猟を食い止めるために参加国が協力して対策に取り組む」という決議案の根底に流れる基本概念を意図的に形骸化させるものであり、決議案で閉鎖対象とされている「密猟または違法取引に寄与している市場」の解釈についても、自国の大臣の勝手な判断によって適用の範囲が狭められていいようなものでは決してないはずだった。

国際会議場の入り口付近に設置されている環境保護団体の出展ブースに足を運ぶと、顔見知りになった数人のスタッフたちが私のもとへと駆け寄ってきた。

「日本は一体どうなっているんだ」と知人の一人が困惑した表情で私に尋ねた。

「まさか本気で象牙市場を維持するつもりじゃないだろうな」

「わからない」と私は答えた。

「わからないってどういうことだよ」と別のスタッフが憤りの感情を隠さずに私に言った。「象牙市場を維持するのか、閉じるのか。答えは二つに一つのはずだろう」

「そういう意味ではきっと閉じない」と私は苦し紛れの説明をした。「閉じないが、『維持する』とも言わない。二つに一つの回答じゃない。日本はそういう国なんだ」

十数人の人だかりが、納得できないといった表情で私を上から見つめていた。

デンマークの環境NGOのリーダーが問い詰めるように私に言った。

「一国でも象牙市場が存続し続ける限り、密猟者たちはアフリカゾウの虐殺を止めない。その存在を免罪符にして彼らはいつまでもゾウを殺すだろうし、象牙が生産される限り、中国はいくらでもそれらを買うだろう。日本人はそんな簡単なこともわからないのか……」

二〇一六年一〇月二日、象牙の国内市場の閉鎖を求める決議案は特段の協議を経ることなく本会議において全会一致で採択された。

会議は終了し、現状は何一つ変わらない。

それこそが日本政府が思い描いた「勝利」のシナリオであり、同時にそれは、アフリカで長らくゾウの取材を続けてきた私にとっての、受け入れがたい「敗北」でもあった。

終章　エレファント・フライト

ワシントン条約締約国会議の閉幕から約半年が過ぎた二〇一七年四月、私はケニアの獣医師滝田明日香に誘われて、ケニア南東部のツァボ国立公園で一〇〇ポンド以上の牙を持つ「スーパータスカー」と呼ばれるアフリカゾウを探す小さな「旅」に参加した。地元の環境NGOが所有するパトロール用のプロペラ軽飛行機に乗って、空から巨大な牙を持ったゾウの群れを調査する特別プロジェクトに参加することが許されたのだ。ワシントン条約締約国会議で多くの国内象牙市場が閉鎖されることが決まった後も、ツァボではアフリカゾウの密猟事案が多発しており、その三カ月前にはかつて殺害された人気ゾウ「サタオ」にちなんで「サタオⅡ」と名付けられていた巨大な雄ゾウが密猟者によって殺されていた。私は三年の任期を終えてアフリカ特派員を離任する前に、まだ経験したことのない空から見たアフリカゾウの姿をこの目にしっかりと焼き付けておきたいと思ったのだ。

最初に向かったのは「空」ではなく、サバンナだった。

午前八時。自動小銃で武装した七人のレンジャーに同行する形でツァボ国立公園の東エリアに入った。密猟者と銃撃戦になった際、真っ先に応援に駆け付ける即応部隊で、その三月にも二人の死傷者が出ているチームだった。聞くと、パトロール中に潜伏していた密猟者と銃撃戦になり、三八歳の隊長が左肩に敵弾を受けた後、その場に駆け付けた応援部隊の隊長が心臓を撃ち抜かれて即死したのだという。

「ここでは今でも数週間に一度、ゾウの遺体が見つかり、数カ月に一度、密猟者たちと銃撃戦になる」と三六歳のレンジャーは言った。「最悪だ。今年に入ってすでに三人の同僚が殺されている。次は自分の番じゃないかとみんながおびえている」

隊員たちは横一列になり、土の上に残された足跡やたばこの吸い殻、ゾウのフンなどを確認しながら低い姿勢でサバンナを進んだ。茂みがある場所には銃を向け、必要に応じて斥候を走らせ、密猟者が公園内に潜んでいないかどうかを確かめながら前進していく。

部隊は五〇分ほどサバンナを調べたところで小休止に入った。彼らの一人が煙草を吹かしながら、私や滝田との雑談に応じた。

「状況は何一つ変わっていない」と三八歳のレンジャーはこぼした。「むしろ悪化している。最悪だ。ゾウにとってもレンジャーにとっても、どんどん状況が悪くなっている」

「どうして？」と私は聞いた。「中国はすでに国内市場の閉鎖を宣言したはずだ。象牙の闇価格だって暴落している」

「そんな簡単な理由ではきっとないんだ」と三八歳のレンジャーは私に言った。「象牙はカネになる。それこそが密猟者にとってはすべてなんだ。世界のどこかに象牙の市場がある限り、つまりどこかで誰かが象牙を買おうとする限り、奴らは絶対に密猟をやめたりはしない。彼らはカネが必要だからね。今、密猟が増えているのはきっと『駆け込み需要』のせいだろう。中国政府が象牙市場を閉める、その前に売りさばいておこうと密猟者たちが必死になってゾウを殺しているんだ——」

パトロールの終了後、私と滝田は先月密猟者との銃撃戦で被弾したというレンジャー部隊の隊長の自宅を訪ねた。

隊長は銃弾が貫通したという左肩の傷痕を示しながら、「もうレンジャーの仕事からは足を洗いたい」とうつむきながら我々に語った。

「ゾウを守ろうとして命を落とす。そこにどれだけの価値があるというのですか？三カ月前もサタオⅡがやはり毒矢で殺された。私たちもいつかあのようにして殺されるのです」

翌朝、ツァボ国立公園の西側に位置する、土がむき出しになっただけの「飛行場」で待っていたのは、「スーパーカブ」と呼ばれる、小型バイクに翼を付けたような超軽量な二人乗りのプロペラ機だった。

飛行機と言うよりはむしろ、宮﨑駿のアニメ映画『天空の城ラピュタ』に出てくる、主人公の少年と少女を乗せていた「凧」に近い。操縦席の後ろの荷物カゴのような後部座席に身を押し込むと、風防ガラスのないオープンカーのような小型機はガタゴトと地面を走り出し、大地を蹴り上げるようにしてアフリカの大空へと舞い上がった。

高度約二〇メートル。

パイロットはジョシュ・オウトラムという二六歳の白人青年だった。数年前から地元の環境NGOで空からのゾウの調査を担当しているという。

「この周辺には（一〇〇ポンド以上の牙を持つ）スーパータスカーが全部で七頭生息しています」と青年パイロットはヘルメットに装着されたマイクを通じて私に告げた。「会える確率はフィフティー・フィフティーです。でも、今日は天気も良さそうなので、あるいは二、三頭、お見せすることができるかもしれません」

「お願いします」と私もマイクを通じて明るく応じた。「でも、そんなに『スーパー』にこだわらなくても大丈夫です。僕はできるだけ、たくさんゾウの群れが見たい」

「了解！」

そう言うと青年パイロットは主翼につけられた手動ハンドルをぐるぐると回し、凧のような機体を滑るように急上昇させた。

二〇一六年一〇月、ワシントン条約締約国会議で国内象牙市場の閉鎖が採択された後、アフリカゾウを取り巻く世界は劇変した——ように私には見えた。

事実、日本を含めた各国はそれぞれの宣言に沿って動き始めた。

長年、密猟象牙の元凶と非難され続けてきた中国は二〇一六年一二月、ワシントン条約締約国会議で宣言した通り、中国国内における象牙取引を二〇一七年内に全面禁止すると政府発表した。

そのインパクトはアフリカゾウの密猟撲滅に取り組んできた関係者たちの予想を遥かに超えたものだった。最盛期には一キロあたり二一〇〇ドル（約二一万円）もあった中国の象牙の市場価格が、政府が象牙取引を停止すると発表した直後、約三分の一にあたる一キロあたり七三〇ドル（約七万三〇〇〇円）にまで急落したのだ。

反対に、日本政府はその後も象牙の国内市場を継続維持する姿勢を崩さなかった。二〇一七年二月、象牙売買業者の規制強化などを盛り込んだ改正案を閣議決定し、象牙商品を取り扱う業者をより厳しい登録制にして罰金の引き上げや懲役刑などの罰則を強化したものの、それはあくまでも日本が象牙の規制改革に取り組んでいることを世界にアピールするためのものであり、条文を精査してみると、逆に日本が今後も象牙の取引を継続していくことの意思表明であるようにも読み取れた。

しかし、それらの影響によって――つまり中国政府の象牙の市場閉鎖宣言や闇市場の相場暴落によって――肝心のアフリカゾウの密猟が激減したかと言えば、現実的には決してそうはならなかった。ケニアを始めとする東アフリカの国々では依然として密猟者によって多くのゾウが殺され、牙を抜き取るために顔面を切除された死体が無造作にサバンナにうち棄てられていた。

なぜ、「世界」は変わらないのか――。

その原因を少しでも探ろうと私は再び滝田のもとを訪ね、盟友であるレオンを連れて密猟の多発地帯であるツァボ国立公園の現場へと踏み込んだのだ。

高度約四〇メートル。

上空から見下ろすと、眼下に広がる草原は朝日を浴びて黄金色に波打ち、まるで世界が微笑んでいるかのようだった。その金色に光る大地の上を水場へと向かうゾウたちの群れが一列に並び、金、碧、黒の順で空へと昇華していく地平線の向こう側へと消えていく。

世界はここまで美しいのか、と私は震えた。写真には真の美は写らない、そうわかっていながら、ファインダー越しにシャッターを切り続けた。

「サタオⅡの遺体はね、実は僕が見つけたんだ」と青年パイロットが強い風の中で言った。「朝、国立公園内をパトロールしていたらね、巨大な牙を持った雄ゾウが草原の上に横たわっていた。顔面は切断されておらず、両牙とも抜き取られていなかった。銃で撃たれたのか、毒矢を放たれたのかはわからなかったけれど、逃げてきたんだろうね、全力で。人間たちから逃げ切ったところで、力尽きて倒れてしまっていた……」

青年パイロットは高高度から草原を俯瞰し、ゾウの群れを見つけると何度も地表すれすれに機体を急降下させて、ゾウの牙の大きさや健康状態などの確認を続けた。私は彼はどうやら、私になんとしてもスーパータスカーを見せたいらしかった。

爪のような機体が急降下し、ゾウの群れに急接近する度に「美しいなぁ」と何度も感嘆の声を漏らした。

「そう、とても美しい」と青年パイロットは言った。「こんなに美しいゾウたちを象牙目的で殺すなんて信じられないよ。象牙をほしがる人間はさ、きっと象牙よりもゾウの方が何十倍も美しいことを知らないんだと思うんだ」

青年の言葉を風の中で聞きながら、私はふと、この美しい動物たちを人類はどこまで守り抜けるのだろうか、とそんな取り留めのないことを考えていた。

私が死んだ一〇〇年か二〇〇年先にも、ゾウたちはこのアフリカの大空の下で巨大な牙を揺らし続けているだろうか。

そして悲しいことに、その時の私はその答えを知り得ていた。

否――。

私たちはきっとアフリカゾウを守り抜けない。

彼らはやがて――あるいはそう遠くない未来に――ほぼ一〇〇％の確率でこの地球上から消滅してゆく。

そう確信できるだけの事実が私にはあった。

ケニア中部のオル・ペジェタ自然保護区で絶滅寸前のキタシロサイを取材した時

のことだった。サイの角は成分が人間の爪とほとんど変わらないにもかかわらず、中国や東南アジアで「ガンに効く」などと噂されて密猟が進み、アフリカゾウと同様、絶滅寸前にまで追い込まれていた。

アフリカには大きく分けてクロサイとシロサイが生息していたが、私が自然保護区を訪れた時には北部で暮らすキタシロサイはわずか三頭にまで減ってしまっていた。「残念ながら彼らはここで絶滅してしまうでしょう」と自然保護区の責任者は私に言った。

責任者の厚意により、生息している三頭のうちの唯一の雄を特別に見せてもらった。

その哀れな動物は自然保護区内に作られた小さな鉄格子の中で、銃で武装された四人のレンジャーに――まるでどこかの国の博物館に展示されている財宝のように――守られていた。責任者が近寄るとサイは柵の近くにヨロヨロと歩み寄り、責任者が柵越しに投げ込んだエサを力なくむさぼった。その姿には種の最後の精子を持つ雄としての威厳は微塵も感じられず、家畜のそれのように弱々しかった。

責任者は言った。

「生き残っている三頭はいずれも高齢であり、もう生殖能力はありません。今は精子と卵子をそれぞれの個体から採取して、冷凍保存しておくプロジェクトを進めています。未来の技術の進歩によって、あるいは絶滅した種を再生することが可能になるかもしれないからです。ただ、それらを再生することにどれだけの意味があるのか。それについては、我々に聞かれてもお答えできません」

責任者の説明に私はただ頷くしかなかった。

私はその「答えられない理由」を十分に理解している。

絶滅の淵に立たされているのは、キタシロサイだけでは決してないのだ。

今この瞬間にも、無数の動物たちが人間の乱獲や生活環境の喪失によってこの世から姿を消している。そのスピードはどんどん加速しており、数百年前までは四年で一種だった消滅のペースが、現在ではわずか一年間で約四万種にまで激増している。今でさえ、哺乳類の約二割、両生類の約三割がすでに絶滅危惧種であると言われているのに、将来的にはそれが哺乳類の約五割、鳥類の約八割にまで広がる。この地球上ではもう、人間に「有益」な家畜の類い以外、種を存続させることが難しい状況になっているのだ。

それではなぜ、我々は野生動物を絶滅から救おうとするのか――。

そんなお決まりの質問に、取材先で出会った多くの研究者たちは皆、同じ回答を口にしたものだった。

「それはあまりに簡単な命題だよ。野生動物が住めない世界にはきっと、我々人間も住めないからさ」

私たちが暮らすこの小さな惑星の生態系は、人間の英知では決して解析できないほどの緻密《ちみつ》なバランスの上に成り立っている。土と水と太陽が植物を育て、その植物を草食動物が摂取し、草食動物を肉食動物が捕食する。肉食動物の死骸を微生物が土へと還し、その命の循環は途切れることなく続いている。そこには無限の多様性があり、世界は予見不可能な気候変動や疫病の蔓延をその多様性によって乗り越えてきた。

多様な命を育む地球の揺籃《ようらん》性。

その最大のシンボルである野生動物が、彼らにとって――あるいは我々にとっても――アフリカゾウなのだ。

陸上では最も大きく、頭がよく、雄大で、人間のような社会性を持つ。故に、古くから子どもたちに愛され、アニメーションや物語になり、人類が生まれてからずっと「身近な動物」であり続けてきた。

そのアフリカゾウが今、地球上から消えゆこうとしている。

たとえ、悪の元凶と指摘されてきた中国が象牙市場の閉鎖を宣言したとしても、彼らは間違いなく、裏で象牙の密輸を継続させるだろう。東アフリカの国々も同じだ。密猟撲滅を訴えながら、政府絡みの密猟を続ける。両者の海岸線は極めて長く、政府は十分に腐敗している。それだけの需要が今の中国にはあるし、東アフリカの密猟者たちは誰もがカネを欲している。

しかし、アフリカゾウを絶滅へと追い込んでいる本当の要因が、そんな国際政治学上に起因する込み入ったところにないことを、私はすでに一連の取材によって学び取っていた。

それはもっと私の身近なところにあった。

中国も日本も関係ない。ワシントン条約の問題でさえない。

アフリカゾウを絶滅に追い込んでいる最大の要因——。

それは象牙を消費する側が抱えている「無知」、もっと踏み込んで言えば、我々先進国で暮らす人間の、アフリカに関する「無関心」ではなかったか。

私自身、三年前までその「対岸」にいたのでよくわかる。

どんなに声高に密猟の現実や中国の実態を批判しようとも、世界中の多くの人にとってアフリカゾウの密猟問題はそれ自体、実感の伴うものになりにくい。日本で生活をしていた頃の私もやはり、印鑑に象牙を使用することは時代錯誤だという最低限度の認識こそ持ちあわせていたものの、日本から遠く離れたアフリカ大陸で起きている出来事には特段の関心を抱けずに、頻発する密猟やテロを意識のどこかで他人事《ひとごと》として放置していた。

それはやはり、厳格な意味での「誤り」だった。

この大陸に足を踏み込んで心底わかったことがある。ゾウたちは顔をえぐられて殺され、その産物がテロリストたちの資金源になり、多くの若者たちが無闇に虐殺されている。

その発端は、象牙の消費者——つまり私たちなのだ。

サバンナでゾウを殺しているのも、テロリストたちに資金を与えてテロで無辜の市民を殺害しているのも、極言すれば、印鑑の材料として象牙を使用することを社会として許容している、我々日本人なのだ。

そんなリアルな現実を前に、約二年半に及んだ象牙密猟に関する取材で自分に何ができたのかを振り返ってみると、甚だ心許なかった。

アフリカゾウの密猟組織に迫る——。そんな大仰なテーマを掲げて大陸を駆けずり回ってみたものの、〈R〉については接触すらできず、中国政府の組織的な関与の疑惑についても決定的な証拠をあぶり出したとはとても言えない。職業記者としての私の「仕事」は、あるいはほとんどないに等しい。

にもかかわらず、私はその時、なぜか落胆はしていなかった。

私にはこの取材において一つだけ、自分に誇れることがあった。

それはアフリカゾウを取り巻く現実を書籍や他人からの伝聞ではなく、できる限り自分の目と耳で確かめようとしたことだ。

私は、牙を抜くために密猟者によって生きたまま顔面をえぐられ、サバンナに打ち棄てられた哀れな子ゾウの腐った死骸を見た。大学の教室でテロリストに友人を殺され、校門の前で泣き叫ぶ黒いベールをかぶった女子学生を見た。密猟象牙を売却して得た大量のドル札を片手で鷲摑みにし、「密猟はなくならない」と豪語する密猟ブローカーたちの黄ばんだ歯を見た。自然公園の一角に積み上げられて意味もなく燃やされていく無数の象牙の山を見た。「俺たちもいつか銃撃戦で死ぬんだ」と嘆く、若いレンジャーたちの悲しげな目を見た。そして何より、広大な草原をゆっくりと歩く、大地そのものである雄大なゾウたちの群れを見た。

その記憶の一つひとつが私に向かって語りかけてくる。

私に今できることは何か——。

答えは明確だった。

動くことだ。

行動することだ。

今後も日本政府が国内で象牙の取引を継続していくのかどうか、私にはわからない。でも、それは決して許されないことだと、今の私には断言できる。

象牙の消費は根絶すべきだ——そう声を上げ、ゾウを絶滅から守ろうと戦う人たちの列に加わろう。たとえこの地を離れたとしても、時間を使って理解を深め、アフリカの現場で必死に踏ん張っている人たちと共に歩もう。

私は決して一人ではない。

約二年半の取材を通じて、私はケニアで獣医師としてアフリカゾウ保護の最前線に立つ滝田明日香や、法律家として日本政府の不作為と対峙し続ける坂元雅行らと知り合った。

アフリカゾウの絶滅は止められる——。

彼らがそう信じている限り、私もまた彼らと同じ夢を見続けていたいと思った。

その日は結局約二時間半以上、凧のような軽飛行機でゾウの上空を飛んだ。

最終的に数百頭のゾウを観察したが、残念なことにスーパータスカーはついに一頭も見つからなかった。「すいません」と青年は何度もコクピットで謝っていたが、私は「いや、いいですよ」と彼の言葉を遮った。青年に気を遣ったのではなく、それが私の本心だった。立派な牙を持つ希少なゾウであれば、私のような素人には簡単に見つからない場所で生活していてくれた方が、私にとってはずっといい。私の心の中にはすでに、広大な草原をゆく数百のゾウの群れが息づいている。

赤道直下の太陽に熱せられ、強烈な柱のような上昇気流が大地から立ち上り始めていた。斜め上方から差し込んでくる熱線の束が私の頬をわずかに染めたが、窓のない飛行機の上ではやはり、夜の間に冷え切ったサバンナの風が氷水のように身体を冷やした。

天からの斜光を失い、大地が本来の色彩を取り戻していく。透き通った風景の中で地平線の向こう側へと消えていく十数頭のゾウの群れが霞んで見えた。

私はおぼろげな乱反射の中で必死に両手でレンズを押さえ、草原をゆく無数のゾウたちの群れをカメラのデータに収め続けた。

「そろそろ地上に戻りましょうか」と青年パイロットがマイク越しに聞いた。

「そうですね」と私は吹き上げてくるサバンナの風の中で言った。

あとがき

日本に帰国して約一年半が過ぎた。

この間、私を取り巻く環境は驚くほど変わった。

濃密な人間関係の中で絶えずスケジュールに追われ、成果と結果を──何よりも努力する姿勢を──強く求められる社会。

そんな機械仕掛けの慌ただしさの中に身を置いていると、ことはあまりにも対照的だったアフリカでの日々がまるで夢の中の出来事のように思い出されることがある。

オレンジ色の太陽が削り取られるようにして沈む大地。人々の甲高い笑い声。サバンナを渡る蒼《あお》い風。ダイヤの原石を砕いてちりばめたような、漆黒の空に浮かぶ満天の星。

私が今もそれらの回想からなかなか抜け出せないでいるのはやはり、私があの大陸を──そしてそこで暮らす人々を──深く愛していたからなのだろう。

作品の最後に、本章では書き表すことのできなかった後日談を付記したい。

帰国から約一年後の秋、私は東京である人物と面会した。

世界的なアフリカゾウ保護の第一人者であるアラン・ソーントンである。

国際環境NGO「環境調査エージェンシー」（EIA）の会長でもある彼は、密猟大国・中国が国内外の象牙取引を禁止した後も、依然として国内の象牙市場を維持し続けている日本の現状を糾弾するため、東京・虎ノ門にある環境派弁護士坂元雅行の法律事務所を訪れていた。私は坂元に頼んで特別にアランに一時間半ほど単独インタビューの時間を作ってもらったのだ。

インタビューの核心は当然――〈R〉についてである。

EIAにはかつて、二〇一四年に公表した『バニシング・ポイント』によって、タンザニアにおける象牙密猟と中国政府との関与を独自の調査で暴き出した実績がある。

私は約二年半の取材の中で最後まで辿り着くことができなかった密猟組織の中枢にいるとみられる人物の素性や周囲との関わりについて、かなり踏み込んでアランに尋ねた。あなたは〈R〉を知っているか。あるいはEIAはその情報を持ち得ていないか――と。

アランの回答は「ノー」だった。

彼は具体的には次のように答えた。

私自身は〈R〉を知らない。具体的な名前さえ聞いたことがない。現場の調査員であれば何かを知り得ているのかもしれないが、現時点ではそれを部下に照会する意思はない。確かに『バニシング・ポイント』ではタンザニアにおける中国政府の関与を解き明かしはしたが、我々は必ずしも、アフリカ全土におけるすべての密猟組織に精通しているわけではないのだ――それがアランの回答だった。

私は若干気落ちしながらも、もう一歩踏み込んでアランに尋ねた。

それではもし、いくつかの信頼できる情報《ソース》があれば、ＥＩＡが主体となって〈R〉に関する調査を実施する用意はないか――。

こちらの問い掛けについても、アランの回答はやはり「ノー」だった。

彼は諭すように私に言った。

「残念だが、それは現実的には難しいだろう。あなたもよく知っているように、この手の調査には多額の資金と優秀な調査員、何より気が遠くなるような時間が必要だ。そして、想像以上に危険が伴う。相手は麻薬や人身売買にも手を染めている国際シンジケートだ。政府当局からの圧力だってある。私たちは調査員の身の安全を確保しながら長期間、一歩一歩調査を前に進めていかなければならない──」

アランとのインタビューは結局二時間以上に及んだ。アランはその中で、すでに国内市場の閉鎖を決めている中国よりはむしろ、国際世論に逆行するような形で国内での象牙売買を継続している日本に焦点を絞って今後の調査活動を続けていきたいと考えているようだった。私は繰り返し〈R〉に関する質問を重ねたが、アランからは逆に「日本の暴挙を止めるためにも、ジャーナリストとしてEIAの調査活動に加わってくれないか」と協力を求められたりもした。

〈R〉とは一体何者なのか──。

少なくない読者がお気づきの通り、私はいくつかの取材の過程で、〈R〉に関するより具体的な素性を本著で記した以上に知り得ている。

しかし、それらのほとんどが裏付けのない第三者による伝聞であり、最終的に〈R〉本人に接触やインタビューができなかった以上、この作品に実名や肩書を書き記すことができなかった。私の力不足による所以《ゆえん》ではあるが、これが私の職業記者としての限界であり、読者には心より申し訳なく思っている。

最後に謝辞を。

読者の多くがおわかりの通り、本著における最大の功労者は私ではなく、朝日新聞ナイロビ支局に勤務する取材助手のレオンである。マサイ・マラの大平原をテリトリーとするマサイ民族出身の彼は、こと象牙取材に関しては驚くほどの執念で取材対象を割り出し、その中枢に切り込もうとした。彼がいなければ、本著に記された五〇分の一の取材もできなかったに違いない。

ジャーナリズムといった視点でこの間の仕事を俯瞰したとき、日本国内の報道と海外における取材活動は、それらが全くの別物であると言っていいほど大きな違いを抱えていた。紛争地や疫病発生地にときに危険を顧みずに突っ込んでいくという、その危なさの度合いが数百倍違うことを除けば、最大の差異はやはり、取材者にとっては最も大切な「情報提供者」との接し方、具体的に言えば「いかにして情報提供者のネットワークを築き上げるか」という点にあったように思う。

国内取材の場合、災害現場でルポルタージュを敢行するといった仕事でない限り、我々は日常の大半を取材対象者とのネットワーク作りに――あるいは彼らとの信頼関係作りに――費やしている。素性もわからず、心も通じていない第三者に自らの本心や過去を話す人などいない。それは守秘義務が課せられている警察や検察、裁判所関係者などの職務者に限らず、一般の取材対象者であっても同じことだ。我々は「書きたい」と思った対象者の自宅に何度も通い、時には自らが裸になりながら、信頼関係という「橋」を築いた上で、取材対象者の心の中へと飛び込んでいく。

しかし、海外取材の場合、その最も重要な「橋造り」の仕事の大部分を、現地の取材助手が担っているという現実がある。特にアフリカ特派員のように言語も文化も宗主国も異なる五〇カ国近くの国々を一人で担当しなければならない場合、我々は各国に散らばっている有能なフィクサー（取材助手）の連絡先をあらかじめ把握しておき、事件や災害が起きた際にはすぐさま彼らに連絡して、彼らが築いたネットワークに乗っかって取材をするのが通例であり、そのためにいかに事前に優秀なフィクサーを確保しておくかということが、仕事の優劣を分ける大きな要因にもなっていた。

その点から見ても、レオンは飛び抜けて有能な仲介者であり、取材者だった。

なぜそこまで象牙の取材に入れ込めるのか——。

私は取材中、何度かレオンに尋ねてみたことがある。彼はいつも照れ笑いをして答えをはぐらかすだけだったが、ある日一度だけ「それが俺のアイデンティティーだから」と恥ずかしそうに言ったことを覚えている。「俺は今でこそナイロビの街で暮らしているけれど、かつては歴としたマサイの『戦士』だったんだぜ」と。

緑の大地で野生動物と共に生きる赤い衣をまとった人々――マサイ。レオンの左脇腹の下には今も、儀式で雄ライオンを追い込む際、反撃してきたライオンに爪で引き裂かれたという十数センチの傷痕が残っている。そんなマサイの「戦士」にとって、慣れ親しんだ野生動物たちがこの世から消滅していくことは、我々が想像する以上に耐え難いことなのかもしれない。やはり我々は世界に存在するすべての象牙の取引市場を完全に閉鎖すべきなのだろう。象牙製品は買わない。そういった消費者の理解と行動が日本でも広がっていくことを心から願っている。


この作品は多くの関係者の尽力と多大な協力によって成り立っている。

特に文中に何度も登場して頂いた、ケニアで獣医師として活躍する滝田明日香氏や、日本で象牙取引の廃絶を訴えて活動を続ける弁護士の坂元雅行氏には相応の感謝の言葉が見つからない。完成した作品は第二五回小学館ノンフィクション大賞を受賞し、書籍化には同賞を主催する週刊ポスト編集部の酒井裕玄氏と間宮恭平氏に尽力を頂いた。原稿の構成や執筆にはノンフィクションの師と仰いでいる諸永裕司氏に多大な助言を頂いた。

そして、何よりもレオン。

奇しくも同年齢であった私とレオンは、時に海外特派員と取材助手という関係を超えて、アフリカの夜を遅くまで親友のように語り合った。クーデター前夜のブルンジから最終便の飛行機で逃げ出したり、南スーダンで銃を構えた兵士に囲まれたりして何度も一緒に危ない目にも遭ったが、レオンはいかなる状況においても冷静で、まさしくマサイの「戦士」であり続けた。

彼からは今でも「〈蜂〉の偉大な両親に向けてルング（マサイの戦士が攻撃や護身用に使う木の棒）を贈りたいのだが、どうやって日本に送ればいいか」といった相談がメールで届く。

今思い出されるのは、大平原での夕焼けをバックに、雄大なゾウの群れを見つめるマサイの「戦士」としての彼の視線だ。

この本をアフリカゾウの密猟と戦う人々と、敬愛する親友レオンに捧げる。

二〇一九年春　福島にて

三浦英之

参考文献

『晴れ、ときどきサバンナ――私のアフリカ一人歩き』（滝田明日香著、2000年、二見書房）
『獣の女医――サバンナを行く』（滝田明日香著、2009年、産経新聞出版）
『牙なしゾウのレマ』（滝田明日香、小林絵里子ほか著、2015年、NHK出版）
『アフリカで象と暮らす』（中村千秋著、2002年、文藝春秋）
『アフリカゾウから地球への伝言』（中村千秋著、2016年、冨山房インターナショナル）
『象のための闘い』（イアン＆オリア・ダグラス＝ハミルトン著、伊藤紀子・小野さやか訳、1995年、岩波書店）
『アフリカゾウを護る闘い――ケニア野生生物公社総裁日記』（リチャード・リーキー、バージニア・モレル著、ケニアの大地を愛する会訳、2005年、コモンズ）
『アフリカゾウを救え』（アラン・ソーントン、デイヴ・カリー著、内田昌之訳、1993年、草思社）
その他に、米誌ナショナルジオグラフィックの特集記事やAP、ロイター、AFPのニュース配信など。

＊本作品に登場する人物については基本的に実名で表記したが、アフリカで今後も取材を続ける二人の現地助手については現地での治安事情を鑑み、匿名にした。
＊また、第六章のワシントン条約締約国会議における文書については、読者がその内容を理解しやすいよう、原文の意図を損ねない範囲で簡略化した。

―――本書のプロフィール―――

本書は、二〇一八年一一月、第二五回小学館ノンフィクション大賞受賞作『牙　アフリカゾウの密猟問題を追って』を改題し、書き下ろし単行本として小学館より二〇一九年五月に刊行された。文庫化にあたり、登場人物の年齢や社会情勢などは単行本掲載時のままとした。

小学館文庫

牙《きば》

アフリカゾウの「密猟組織《みつりょうそしき》」を追《お》って

著者　三浦英之《みうらひでゆき》

二〇二一年十二月十二日　初版第一刷発行

発行人　鈴木崇司
発行所　株式会社　小学館
〒一〇一-八〇〇一
東京都千代田区一ッ橋二-三-一
電話　編集〇三-三二三〇-五九五五
　　　販売〇三-五二八一-三五五五
印刷所――――凸版印刷株式会社

ISBN978-4-09-407097-2